DeepSeek 人人都能学会的 AI工具

麓山AI研习社　编著

人 民 邮 电 出 版 社
北 京

图书在版编目（CIP）数据

DeepSeek：人人都能学会的 AI 工具 / 麓山 AI 研习社编著. -- 北京 : 人民邮电出版社, 2025. -- ISBN 978-7-115-66581-2

I. TP18

中国国家版本馆 CIP 数据核字第 2025EN6756 号

内 容 提 要

本书以当下热门的人工智能工具 DeepSeek 为核心，通过丰富实用的内容，助力读者从对 DeepSeek 一无所知的新手，成长为能够灵活运用其功能解决各类问题的行家。书中选取了多个领域的典型应用场景，如学习辅助、职场办公、生活娱乐及自媒体创作等，为读者全方位展示 DeepSeek 的强大功能。

全书共 7 章，内容层层递进。第 1~3 章为读者介绍了 DeepSeek 的功能和技术特点、基础操作技巧和提问策略，帮助读者快速上手。第 4~7 章分别展示了 DeepSeek 在不同场景下的应用。在学习与写作方面，它能答疑解惑、查找资料、创作文案，提升学习效率与写作质量；在职场工作中，可助力完成报告撰写、数据分析、PPT 制作等任务，提高工作效率；在生活与娱乐领域，能实现个性化娱乐推荐、趣味问答，丰富日常生活；在自媒体创作方面，从前期调研、内容策划到粉丝运营，能为自媒体创作者提供全方位支持。

无论是刚接触人工智能的学生，还是希望借助 AI 提升工作与生活效率的职场人士，都能从本书中获取实用的知识与技巧。

◆ 编　　著　麓山 AI 研习社
　责任编辑　王　冉
　责任印制　陈　犇

◆ 人民邮电出版社出版发行　　北京市丰台区成寿寺路 11 号
　邮编　100164　　电子邮件　315@ptpress.com.cn
　网址　https://www.ptpress.com.cn
　雅迪云印（天津）科技有限公司印刷

◆ 开本：700×1000　1/16
　印张：12　　　　2025 年 3 月第 1 版
　字数：220 千字　　　　2025 年 3 月天津第 1 次印刷

定价：69.80 元

读者服务热线：(010)81055410　印装质量热线：(010)81055316

反盗版热线：(010)81055315

前言

PREFACE

在人工智能技术飞速发展的今天，掌握前沿的AI工具已成为提升个人和企业竞争力的核心要素。DeepSeek作为一款强大的通用人工智能助手，以其免费开源、逻辑推理强、多场景覆盖等特点，迅速成为AI领域的热门工具。无论是学生、职场人士还是自媒体创作者，都能通过DeepSeek实现效率的提高和创造力的增强。

本书正是为了满足广大读者对DeepSeek的学习需求而编写的。它不仅是一本全面的DeepSeek学习手册，更是一部极具实操性的AI应用指南。全书内容丰富，结构清晰，从基础知识的讲解，到复杂应用场景的实践演练，每一个章节都经过精心打磨，力求以通俗易懂的方式将DeepSeek的精髓展现给读者。希望通过循序渐进、系统化的学习，读者能够快速掌握DeepSeek的使用技巧，并在实际工作、学习和生活中灵活运用。

本书特色

内容循序渐进：从基础知识入手，逐步过渡到实战应用，由浅入深构建系统学习路径，帮助不同基础的读者逐步掌握DeepSeek。

场景全面覆盖：全书精选43个应用场景，涵盖学习、职场、生活娱乐、自媒体创作等多个领域，全面展示DeepSeek的多样化应用，兼具实用性和通用性。

注重实用技巧：详细讲解DeepSeek在各场景中的应用技巧，帮助读者快速上手并提高使用效率。

内容框架

本书基于DeepSeek网页版编写而成，移动版与网页版的界面有所不同，但功能和操作方法差别不大，大家可以灵活对照自己所使用的版本进行变通学习。全书共分为7章，具体内容如下所述。

第1章 揭开 DeepSeek的神秘面纱：介绍了DeepSeek的诞生背景、发展历程、技术特点及火爆的原因，让读者对其有初步的宏观认识。

第2章 DeepSeek基础操作指南：讲解了DeepSeek的基本使用技巧，包括如何注册与登录、界面各功能区域的介绍、互动操作等，帮助读者顺利开启与DeepSeek的交互。

第3章 DeepSeek提问技巧与策略：介绍了向DeepSeek提问的有效方法，

包括如何准确表述问题、引导DeepSeek给出更符合需求的回答，避免常见提问误区，提高提问效率并提升答案质量等。

第4章 DeepSeek助力学习与写作：介绍了DeepSeek在学习场景中的应用，包括解答学科问题、学习资料查询、语言学习、文案创作等。

第5章 DeepSeek赋能职场工作：介绍了DeepSeek在职场办公中的运用，例如快速生成商务邮件和工作报告，进行市场调研、代码编写、数据处理等。

第6章 DeepSeek丰富生活与娱乐：介绍DeepSeek在日常生活和娱乐方面的作用，例如饮食规划、旅游攻略、生活常识问答、个性化推荐影视音乐作品等。

第7章 DeepSeek助力自媒体创作：介绍了DeepSeek在自媒体创作过程中的价值，例如进行账号定位、内容策划、文案脚本创作等。

读者群体

本书是一本面向各类人群的DeepSeek实用指南。无论是对人工智能充满好奇的初学者（如学生群体），还是希望提升工作效率的职场人士（包括文案撰写、数据分析、项目管理等岗位），抑或是追求生活品质、期望借助AI丰富生活体验的普通大众，本书都能提供帮助。此外，自媒体创作者、运营团队，以及新媒体平台和内容创作企业，也能通过本书的学习，借助AI实现创作与运营的突破。

编者

2025年2月

目录

CONTENTS

第1章 揭开DeepSeek的神秘面纱

第2章 DeepSeek基础操作指南

第3章 DeepSeek 提问技巧与策略

第4章 DeepSeek 助力学习与写作

第5章 DeepSeek 赋能职场工作

第6章 DeepSeek丰富生活与娱乐

第7章 DeepSeek助力自媒体创作

第1章 CHAPTER 01

揭开DeepSeek的神秘面纱

在科技飞速发展的当下，人工智能领域的每一次突破都备受瞩目。DeepSeek，作为其中的一颗璀璨新星，正以惊人的速度崛起，吸引着全世界的目光。它打破了传统的技术壁垒，以创新的架构理念和超高的性价比，在国际舞台上崭露头角，也在世界范围内引发巨大争议。从诞生之初的默默无闻到如今的一鸣惊人，DeepSeek的发展历程充满了挑战与突破。接下来，让我们一同揭开DeepSeek的神秘面纱，探寻它背后的创新密码与无限潜力。

1.1 DeepSeek是什么

我们经常能在互联网上看到许多关于DeepSeek的话题。许多科技界名人说它颠覆了传统“算力堆砌”的行业范式，是“小力出奇迹”的典型代表。而DeepSeek不仅登顶部分应用商店下载榜，还获得阿里、腾讯等云巨头的技术支持，且不断推动AI技术“平民化”进程。你是否好奇DeepSeek 究竟是什么，它为何频繁出现在舆论风口。

1.1.1 诞生背景与发展历程

近年来人工智能蓬勃发展，无数AI模型应运而生，而DeepSeek从中脱颖而出。DeepSeek诞生于杭州深度求索人工智能基础技术研究有限公司（以下简称深度求索）这片孕育智慧的创新沃土，凝聚着顶尖科研团队的心血与智慧。作为一款AI智能大模型，它正以磅礴之力重塑智能边界。

深度求索是一家创新型科技公司，成立于2023年7月17日，使用数据蒸馏技术，得到更为精练、有用的数据。

以下是深度求索建立的一系列DeepSeek模型（如图1-1所示）。

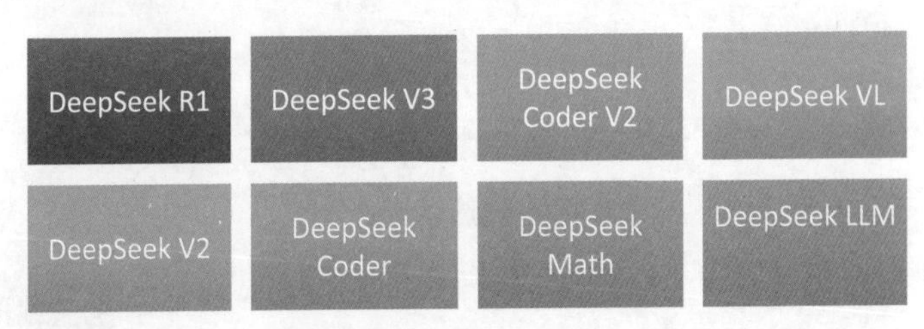

图 1-1

1. 诞生背景

DeepSeek凭借独特的技术优势进入了大众视野，打破了美国AI芯片企业长期主导的局面。在它引起世界热议时，美国多家AI芯片企业市值一夜之间大幅缩水，总市值缩水超千亿美元，行业格局面临重新洗牌。知名企业如英伟达、AMD、台积电、博通等股价均出现不同程度下跌。

如此强势的DeepSeek是怎么诞生的呢?

（1）技术发展的推动

随着算法的不断优化、计算能力的提升以及数据量的急剧增长，大模型的性能得到了显著提高，这为DeepSeek的研发提供了技术思路和发展方向。而深度学习技术的不断完善，为处理和分析大规模数据提供了有效的手段。

（2）市场需求的驱动

随着互联网和移动设备的普及，使用AI工具的人也越来越多。无论是智能客服、语音助手还是智能写作工具，都需要具备高效、准确的语言理解和生成能力。DeepSeek的出现可以满足这些多样化的智能交互以及在学习工作和生活中的需求，为用户提供更加智能、便捷的服务体验（如图1-2所示）。

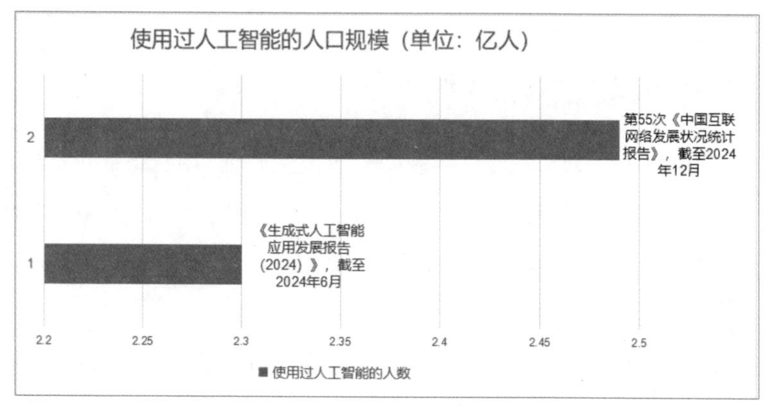

图 1-2

（3）科研创新的需求

科研人员需要快速筛选、梳理海量文献，撰写文献综述以及精准定位科学资料；也需要处理庞大的数据，加速数据处理与数据分析，以及制定各种科研模型。DeepSeek的诞生为科研创新提供了一个强大的工具（如图1-3所示）。

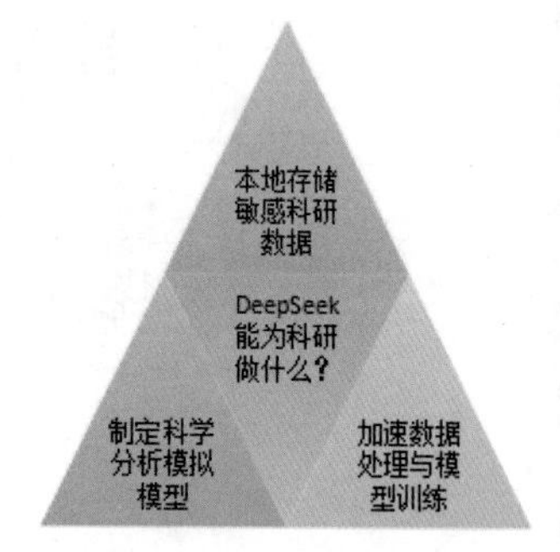

图 1-3

（4）外部封锁和挑战

长久以来，美国凭借在算力、技术、资本等多方面的优势，在全球AI发展中占据主导地位，其科技巨头依靠巨额投入和先进芯片，构建起难以打破的技术壁垒。而DeepSeek凭借创新架构，以更少算力实现更高准确率，打破了“算力决定一切”的传统认知。

2. 发展历程

DeepSeek从登场一路走来的发展历程如表1-1所示。

表 1-1

时间	关键事件
2023年11月	推出开源代码模型DeepSeek Coder，支持多语言代码生成，开源且免费使用，奠定技术口碑
2024年5月	发布MoE架构的DeepSeek-V2，推理成本降至每百万tokens仅1元，引发行业价格革命
2024年12月	发布DeepSeek-V3（6710亿参数），在Chatbot Arena榜单中位列开源模型第一，性能接近GPT-4，训练成本较低
2025年1月20日	开源推理大模型DeepSeek-R1正式发布，性能对标OpenAI o1正式版，触发全球AI生态重构

1.1.2 核心技术特点

DeepSeek一直争议不断。国外有人称DeepSeek是美国AI行业的“警钟”，也有人建议封杀在全球备受欢迎的中国大语言模型DeepSeek，还要封禁其手机应用和网页端。

那么DeepSeek有哪些核心技术特点让世界“惊惧”呢？

1. 优化架构与多模态能力

DeepSeek以Transformer架构为基础，也采用了混合专家模型（如图1-4所示）。

DeepSeek还拥有跨模态学习框架，提升了多模态数据联合表征能力，能将文本、图像、语音等多种模态的数据进行融合处理，学习到更丰富的信息，使模型在多模态任务中表现更出色。

图 1-4

2. 长文本生成与深度思考能力

DeepSeek推理能力极强，可以生成流畅、自然且富有逻辑的文本。它能有效处理长篇上下文，甚至能够理解和把握整个文本的主旨和逻辑结构。DeepSeek的深度思考能力是其突出亮点，它不仅会给出答案，还能展示详细思考过程。它面对复杂的逻辑推理、数据分析和编程问题，能从多维度全面分析，且推理方式类似人类，会自我质疑、假设验证等，在学习研究、创意写作、数据分析、复杂问题解决等场景都大有用处。

3. 开源与本地化部署

DeepSeek模型开源，代码、论文全部公开，用户可进入官网下载可供免费使用的开源模型，并在此基础上进行创新和改进（如图1-5所示）。

deepseek

© 2025 杭州深度求索人工智能基础技术研究有限公司 版权所有

浙ICP备2023025841号

浙公网安备 33010502011812 号

研究
DeepSeek R1
DeepSeek V3
DeepSeek Coder V2
DeepSeek VL
DeepSeek V2
DeepSeek Coder
DeepSeek Math
DeepSeek LLM

产品
DeepSeek App
DeepSeek 网页版
开放平台
API 价格
服务状态

法务 & 安全
隐私政策
用户协议
反馈安全漏洞

加入我们
岗位详情

图 1-5

DeepSeek通过数据加密、访问控制与审计日志等机制，保障敏感数据（如临床研究数据）在本地服务器的全生命周期安全，符合GDPR等严格合规要求。同时它也能兼容Linux/Windows系统及多种硬件环境（从本地服务器到超算中心），支持容器化部署。用户可以根据需求自定义功能，确保数据隐私和系统独立性。

1.1.3 与其他同类产品的差异对比

DeepSeek自诞生以来热度不降，一度被评为AI界的“拼多多”。那么，DeepSeek与其他AI工具相比有何不同呢？

下面对DeepSeek和国内其他AI工具进行比较（如表1-2所示）。

表 1-2

AI工具	DeepSeek	豆包	Kimi
主要功能	能应对复杂的自然语言处理任务；具备强大的编程辅助能力，辅助生成、解释代码；在特定专业领域，依据训练数据提供专业分析	能精准回答各类知识问题；提供高质量文案创作，涵盖多种体裁；擅长多语言翻译、润色；可读取多种格式的文档并处理数据	擅长精准问答，能迅速理解用户问题核心；文本生成能力出色；支持多轮对话，保持对话连贯性并深入探讨话题
应用场景	帮助科研人员快速查阅资料、推导公式；在软件开发过程中，辅助程序员写代码、找错误；有深度思考能力，根据需求生成长文本；在金融、教育、医疗、商业等专业领域提高效率	辅助学生、自学者答疑解惑；在内容创作领域，为创作者提供灵感等支持；在日常办公场景下，助力文档处理、翻译沟通等	支持输入大篇幅的专业学术论文，能对其进行翻译和深入理解；能够处理多种格式的文件
缺点	作为新兴模型，生态系统不够完善；在图片生成方面不够完善，需借助其他AI工具	面对偏小众、专业性极强且缺乏公开资料的问题，精准度有限；受限于文本交互，复杂视觉场景处理能力不足	在专业编程辅助上略逊一筹；面对专业性的复杂问题，知识储备深度有时不足

由此可见，DeepSeek在文本方面和某些专业领域方面的推理思考能力非常优秀。

1.2　DeepSeek为何能火爆全球

2025年1月20日，DeepSeek-R1发布，在2025年1月的最后一周迎来了爆发。DeepSeek在1月份累计获得1.25亿用户，其中80%以上用户来自最后一周，即DeepSeek仅用7天便完成了1亿用户增长的惊世壮举（如图1-6所示）。

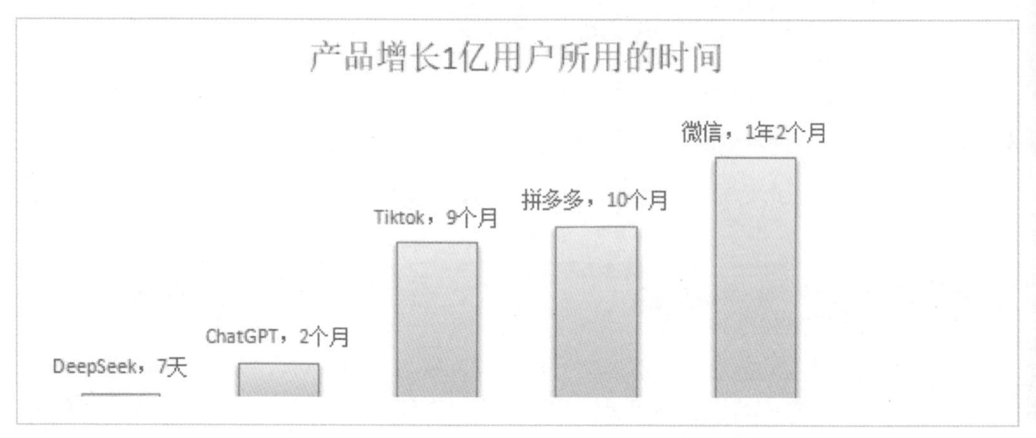

图 1-6

2025年1月27日，DeepSeek应用登顶苹果中国地区和美国地区应用商店免费App下载排行榜，在美区下载榜上超越了ChatGPT（如图1-7所示）；1月28日，DeepSeek的日活跃用户数首次超越豆包，2月1日突破3000万大关。

图 1-7

DeepSeek为何能火爆全球呢？下面从三个角度进行分析。

1.2.1　超高性价比

DeepSeek训练成本较低，具有较高性价比。API价格每百万输入tokens的价格仅1元（缓存命中）或4元（缓存未命中），每百万输出tokens的价格为16元，远低于OpenAI o1运行成本。

在多个权威评测中，DeepSeek的算力展现出了强大的实力。同时，DeepSeek推出的模型对学术研究和商业应用完全开源。这对于科研机构和开发者来说，大大降低了技术研发和创新的门槛。用户在使用过程中不需要配备过于昂贵和高端的硬件设备，就能获得较好的使用体验（如图1-8所示）。

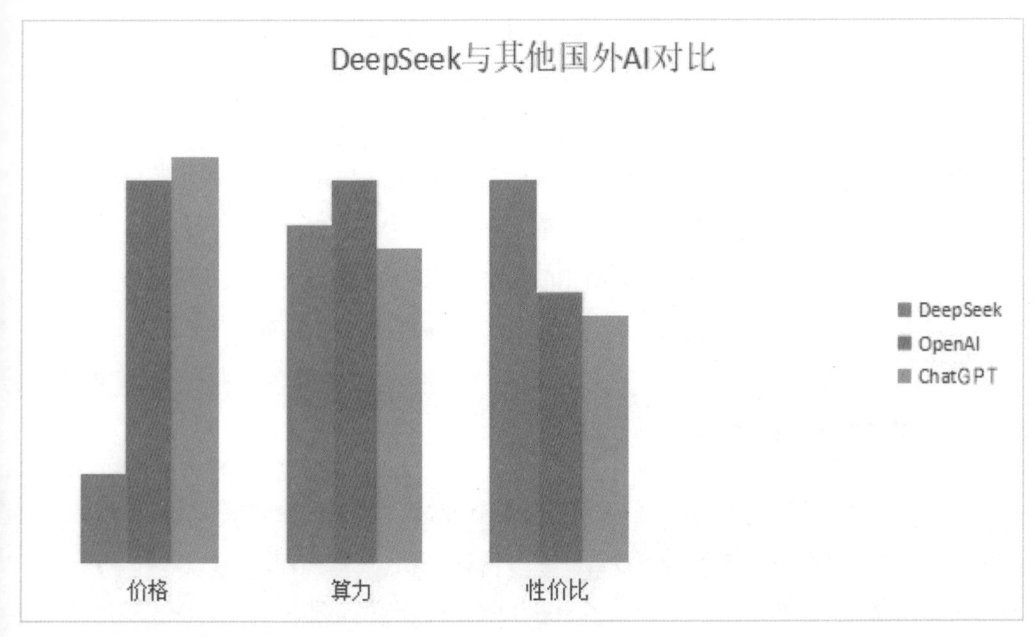

图 1-8

DeepSeek具有良好的开放性和兼容性，能够方便地与各种现有系统和应用进行集成。比如Chatbox AI、LibreChat等桌面聊天客户端和开源聊天应用（如图1-9所示），可集成DeepSeek来增强聊天交互体验；STranslate等翻译工具，可集成DeepSeek提升翻译的准确性和效率；PapersGPT等Zotero插件，可集成DeepSeek帮助用户更好地分析和理解论文内容；Wordware等办公相关插件，能借助DeepSeek实现智能写作辅助、文档内容分析等功能。

图 1-9

由于DeepSeek的开源与免费试用，企业和开发者可以快速将DeepSeek各种模型应用到自己的业务场景中，无须进行大规模的系统改造和开发，节省了时间和人力成本。还可以根据不同行业和企业的特定需求，对DeepSeek进行定制化训练和优化。比如2025年2月5日，中国联通宣布，联通云基于“星罗”平台，已成功实现与DeepSeek-R1模型的深度对接。这一成果标志着联通云在AI算力服务领域迈出重要一步。

腾讯云TI平台也上架DeepSeek全系模型，并支持一键部署，部分模型限免体验；阿里云PAI Model Gallery支持云上一键部署DeepSeek-V3、DeepSeek-R1；百度智能云千帆平台已正式上架DeepSeek-R1和DeepSeek-V3模型；华为云与硅基流动团队联合首发并上线了基于华为云昇腾云服务的DeepSeek-R1/V3推理服务，等等。

1.2.2 打破算力依赖的“紧箍咒”

DeepSeek横空出世前，先进制程技术被国外封锁，使中国企业难以获取先进的制造工艺；AI芯片被英伟达、谷歌等少数国际巨头垄断，英伟达在AI训练芯片领域、谷歌在推理芯片市场都占据优势地位，中国企业不仅市场份额有限（如图1-10所示），芯片代工也主要依赖外部企业，一旦国际形势变化或出现其他问题，供应链容易面临风险，影响芯片的生产和供应。

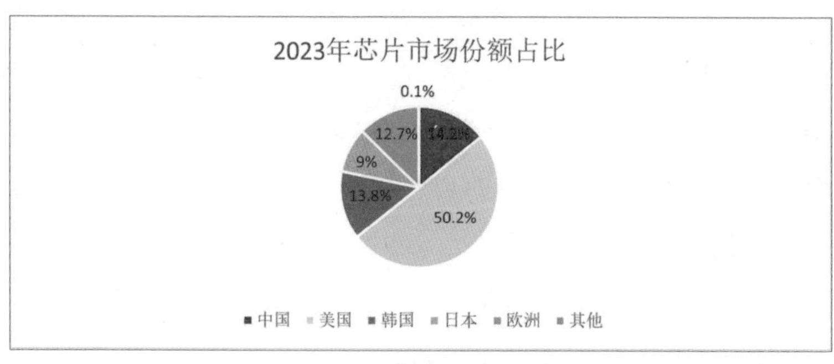

图1-10

而DeepSeek一鸣惊人，打破了美国芯片对中国的“紧箍咒”。

DeepSeek的创新模型架构与底层算力优化，使得AI应用能够在本地设备上高效运行，降低了数据传输和存储成本，同时提升了实时性和隐私安全性。更重要的是，通过开源模型和算法为国产芯片（如华为昇腾）提供了发展机遇。这种开放生态不仅降低了技术门槛，还减少了对单一硬件供应商（如英伟达）的依赖（如图1-11所示）。

图 1-11

2025年2月5日，国家超算互联网平台正式上线DeepSeek系列大模型。DeepSeek系列模型依托国家超算互联网的超智融合算力，用户无须本地部署即可在线完成推理、训练及私有化定制开发，平台还通过异构算力调度技术，根据不同的训练任务，智能地分配CPU、GPU等多种异构算力资源，确保算力不足时任务仍能流畅运行，同时成本降低20%~40%。

1.2.3 “高智商、高情商”的AI

DeepSeek自身强大的语言模型和算法赋予它“人类般深度思考的能力”，与其他AI工具相比更“聪明”（如图1-12所示）。

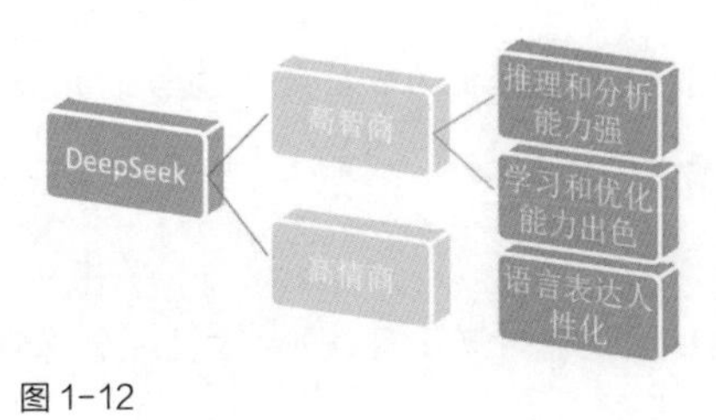

图 1-12

我们可以试试看DeepSeek有多“聪明”与“体贴”。

Q 我缺席了朋友的生日，请问我该如何向她道歉？

A 用户可能因为某种原因没能参加朋友的生日，现在感到内疚，想找到合适的方式来道歉。道歉的关键在于真诚，所以应该建议用户表达真实的感受，承认错误，并提出补救措施。

首先，要理解用户的需求。他们可能想知道具体的步骤，比如是否应该发信息、打电话，还是当面道歉。另外，是否需要带礼物或者补偿，比如请吃饭或者补办庆祝。还要考虑朋友的性格，是喜欢直接表达还是更在意行动上的弥补。

然后，思考用户可能没有说出来的深层需求。他们可能担心朋友会生气，或者关系受到影响，所以需要确保道歉的方式能够有效修复关系。另外，用户可能希望保持真诚，避免显得敷衍，所以建议中提到具体的补救计划会更好。

还要注意不同文化背景下的道歉方式可能不同，但用户没有提到，所以保持通用建议。比如及时道歉、具体说明原因（但用户可能不想找借口，所以需要平衡解释和承担责任）、表达重视对方，以及未来如何弥补。

最后，确保建议的语言友好、可行，让用户觉得容易操作，同时传达出诚意。比如分步骤建议，或者提供不同方式的选项，让用户根据实际情况选择。

面对这种情况，真诚的态度和具体的行动最能化解隔阂。以下是分步骤建议。

第一时间主动联系

不要拖延。通过对方最常用的方式（电话/当面＞语音＞文字）直接表达歉意，例如："昨天没能参加你的生日真的特别抱歉，这件事一直压在我心里，想认真和你说声对不起。"

提出补救方案

根据对方性格选择：

实用型朋友："周末我订了你喜欢的日料店补过生日可以吗？礼物我也准备好了~"

感性型朋友：手写卡片+当天缺席原因的趣味小漫画（如"那天的我被甲方绑架了"）

"社恐"型朋友：单独约见面时带小蛋糕+对方提过想要的周边小物。

关键提示：若对方表现出介意，耐心给予消化情绪的时间，切忌有"我都道歉了还要怎样"的心态。真正的友情经得起波折，但需要你用行动重新积累信任值。

第2章 CHAPTER 02

DeepSeek基础操作指南

在对DeepSeek有了一个初步的了解之后，就要掌握它的注册及登录技巧，了解它的界面及功能，熟悉它的基本交互操作。学习了这些内容，用户可以轻松掌握DeepSeek的基本使用方法，获得较好的对话体验。

2.1 注册及登录

要想体验DeepSeek的魅力，首先需要完成注册及登录的步骤。接下来将详细介绍注册及登录的流程。DeepSeek既可以在网页端使用，也可以在移动端使用。

2.1.1 网页端注册流程

网页端用户可以直接在浏览器搜索“DeepSeek”，下面介绍DeepSeek网页端的注册流程。

（1）在浏览器中搜索“DeepSeek”，找到官网（如图2-1所示）。

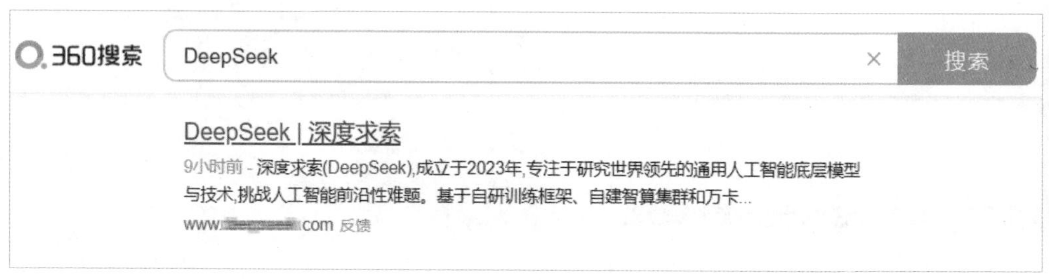

图 2-1

（2）进入官网后，在该界面（如图2-2所示）单击“开始对话”选项。

图 2-2

（3）进入注册界面（如图2-3所示），在该界面中输入手机号、密码，单击“发送验证码”按钮，然后根据界面提示（如图2-4所示）进行验证操作。

图 2-3

图 2-4

（4）通过验证后，DeepSeek将发送验证码到手机上（如图2-5所示），输入验证码后可根据实际情况选择用途，并勾选“我已阅读并同意用户协议与隐私政策”选项，然后单击“注册”按钮（如图2-6所示），即可成功注册账号。

图 2-5

图 2-6

2.1.2 移动端注册流程

移动端的注册流程和网页端略有不同，用户打开App将直接进入登录界面，未注册的手机号码将自动注册。下面介绍移动端的注册流程（以安卓系统为例）。

（1）在手机桌面单击“应用市场”（如图2-7所示）。

（2）在搜索栏中输入“DeepSeek”，单击“安装”按钮即可进行下载与安装（如图2-8所示），安装完成后可以在手机桌面找到该应用。

图 2-7

图 2-8

（3）打开DeepSeek后会进入登录界面（如图2-9所示），输入手机号，单击“发送验证码”按钮，根据界面提示（如图2-10所示）进行验证操作。

图 2-9

图 2-10

（4）输入验证码后，勾选“已阅读并同意用户协议与隐私政策”选项（如图2-11所示），单击“登录”按钮，即可成功注册并登录DeepSeek，进入对话界面（如图2-12所示）。

图2-11

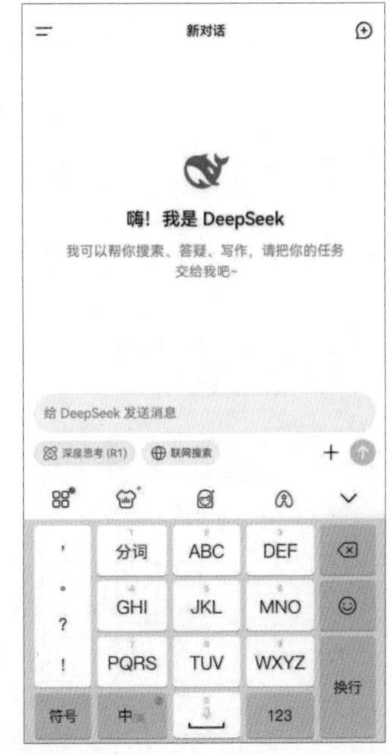

图2-12

2.1.3 登录时的注意事项

以下是DeepSeek登录时的一些注意事项。

账号安全：不要将账号和密码泄露给他人，建议定期更换密码以确保账号安全。

多设备登录：DeepSeek支持多设备登录，可以在计算机、手机和平板等设备上同时使用。

忘记密码：如果忘记密码，可以通过注册时使用的邮箱或手机号码进行密码重置。

2.2 界面介绍与功能概览

登录后进入DeepSeek的主界面。

2.2.1 DeepSeek主界面介绍

DeepSeek主界面的布局如图2-13所示，正中间是聊天窗口，用户可以在该窗口和DeepSeek进行互动。界面左侧有“打开边栏”“开启新对话”“扫码下载DeepSeek App”“个人信息”4个功能按钮。

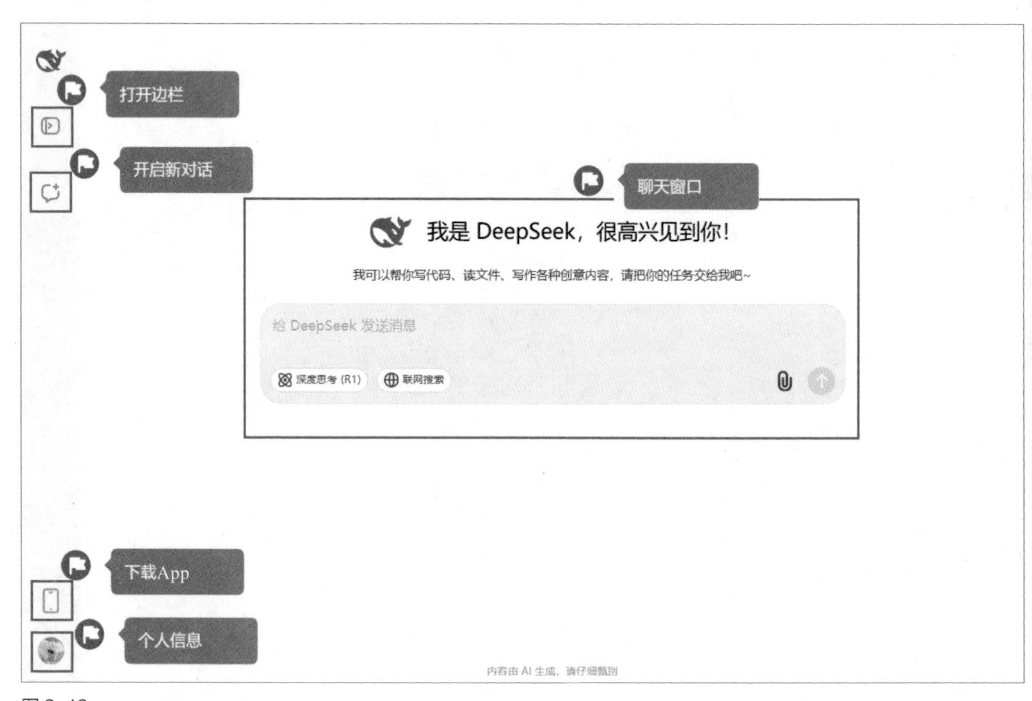

图2-13

单击“打开边栏”按钮，可以查看历史对话记录（如图2-14所示）；单击“开启新对话”按钮，即可新建一个聊天窗口；当鼠标指针移动到“扫码下载DeepSeek App”按钮上时，界面会弹出一个二维码，用户可以使用手机扫码下载DeepSeek移动端应用（如图2-15所示）。

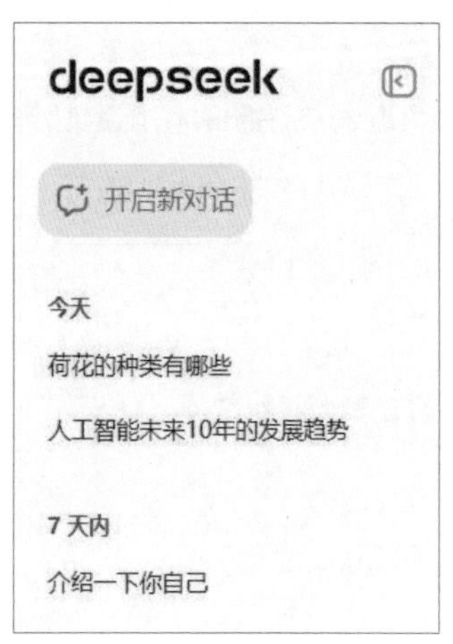

图2-14

图2-15

单击“个人信息”按钮（即用户头像），在弹出的菜单中可以看到“用户名（显示为用户名称）”“系统设置”“删除所有对话”“联系我们”“退出登录”5个选项（如图2-16所示），部分选项介绍如下。

用户名：单击后将直接进入账号信息界面，里面包含用户名、手机号码、用户协议、隐私政策、注销账号等信息和功能。

系统设置：系统设置包含通用设置和账户信息两个界面。在通用设置界面，用户可以选择系统语言和主题颜色。

联系我们：单击后会弹出新界面（如图2-17所示），用户可以在该界面查看DeepSeek服务状态和常见问题，或联系DeepSeek的支持人员。

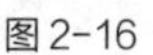

图 2-16

图 2-17

2.2.2 聊天窗口功能解析

DeepSeek的聊天窗口位于主界面的中间，该窗口有“深度思考（R1）”“联网搜索”“上传附件（仅识别文字）”“发送”4个功能按钮（如图2-18所示），下面将分别进行介绍。

图 2-18

① 深度思考（R1）： 单击开启“深度思考（R1）”功能，即可调用新模型DeepSeek-R1，推理并解答问题。

② 联网搜索： 单击开启“联网搜索”功能，即可按需搜索网页。

③ 上传附件（仅识别文字）： 单击开启“上传附件（仅识别文字）”功能，即可上传各类文档和图片，DeepSeek会按用户的要求对其进行分析处理。

④ 发送： 在输入框中输入问题后，单击“发送”按钮提交，DeepSeek即可对问题作出解答。

用户向DeepSeek提问之后，它经过“思考”，会在对话框中作出解答。需要注意的是，只有在用户打开“深度思考（R1）”模式之后，DeepSeek才会展示思考过程。

在开启“深度思考（R1）”模式之后，即可调用DeepSeek-R1模型，该模型是专为自然语言处理（NLP）和其他复杂任务设计的先进大规模深度学习模型，它可以帮助用户处理复杂任务（如逻辑推理、多轮对话等），还能够针对特定场景优化回答，为用户提供深度服务。

Q 请帮我制订一份一周（只工作日，周一到周五）的早餐安排计划，每天的早餐要有主食、蛋白质和饮品。

A 好的，用户让我帮他制订一周（只工作日，周一到周五）的早餐计划，包括每天的主食、蛋白质和饮品。首先，我需要考虑营养均衡，确保每天都有主食、蛋白质和饮品。不同用户的饮食偏好可能不同，但用户没有特别说明，所以可能需要保持通用性，同时适当多样化以避免重复。

接下来，周一到周五每天都要有不同的组合。主食方面，可以考虑包子、全麦面包、燕麦粥、三明治、煎饼、面条等，这样既有中式也有西式，满足不同口味。蛋白质来源可以选择鸡蛋、牛奶、豆浆、酸奶、豆腐、奶酪、坚果酱等，这样既有动物蛋白也有植物蛋白。饮品方面，可以考虑豆浆、牛奶、酸奶、蔬果汁、杏仁奶、柠檬水、红枣茶等，这样变化也比较多。

然后要注意每天的搭配是否合理，比如周一的早餐如果是包子配豆浆，可能需要额外补充蛋白质，可以再加个水煮蛋。周二的早餐是全麦面包搭配花生酱和牛奶，花生酱提供植物蛋白，牛奶补充动物蛋白。周三的燕麦粥加酸奶和坚果，蛋白质可能足够，但需要检查搭配是否合适。

另外，用户可能有特定的饮食限制，比如是否素食、乳糖不耐受等，但因为没有提到，所以默认普通饮食。饮品包括热饮和冷饮，以适应不同天气。

以下是一份兼顾营养均衡和多样化的工作日早餐计划，供您参考。

周一：经典中式早餐

主食：鲜肉小笼包（3~4个）

蛋白质：水煮蛋（1个）+原味豆浆

饮品：现磨无糖豆浆（300mL）

营养亮点：动物蛋白与植物蛋白双补充，包子提供充足碳水开启新的一周

周二：西式元气早餐

主食：全麦面包（2片烤制）

蛋白质：煎太阳蛋（1个）+花生酱（1勺）

饮品：热牛奶（250mL）

搭配建议：面包抹花生酱增加优质脂肪，搭配5颗圣女果补充维生素

周三：高纤维健康早餐

主食：牛奶燕麦粥（燕麦50g+牛奶200mL）

蛋白质：希腊酸奶（100g）+混合坚果（15g）

饮品：温蜂蜜柠檬水（300mL）

注意事项：提前浸泡燕麦可缩短烹饪时间，选择无盐版本坚果更健康

周四：快捷三明治早餐

主食：全麦三明治（面包2片+生菜+番茄）

蛋白质：煎鸡胸肉片（80g）+低脂奶酪（1片）

饮品：鲜榨橙汁（200mL）

制作贴士：提前腌制鸡胸肉（黑胡椒+生抽），早上3分钟煎熟

周五：创意杂粮早餐

主食：紫薯煎饼（紫薯100g+面粉30g）

蛋白质：虾仁蒸蛋羹（鸡蛋1个+虾仁50g）

饮品：杏仁奶（250mL）+奇亚籽（5g）

特别搭配：搭配凉拌菠菜（100g）补充膳食纤维

如果没有打开深度思考模式，使用的则是基础模型，对话框中不会出现思考过程，生成的答案也会比较简单浅显。

Q 请帮我制订一份一周（只工作日，周一到周五）的早餐安排计划，每天的早餐要有主食、蛋白质和饮品。

A 以下是一份为期一周（只工作日，周一到周五）的早餐安排计划，包含主食、蛋白质和饮品，确保营养均衡。

周一

主食：全麦面包两片

蛋白质：煮鸡蛋一个

饮品：牛奶一杯（250mL）

周二

主食：燕麦粥（50g燕麦）

蛋白质：希腊酸奶一杯（150g）

饮品：橙汁一杯（200mL）

……

2.2.3 设置页面功能解析

单击“个人信息”按钮（即账户头像），在弹出的菜单中单击“系统设置”（如图2-19所示），在该界面可以看到“通用设置”和“账户信息”两个选项卡（如图2-20所示），在通用设置中可以设置系统语言和主题颜色。

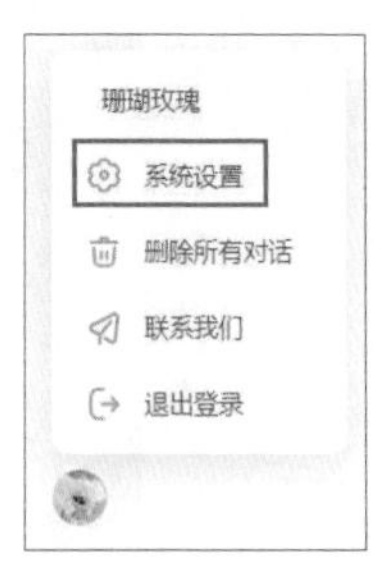

图 2-19

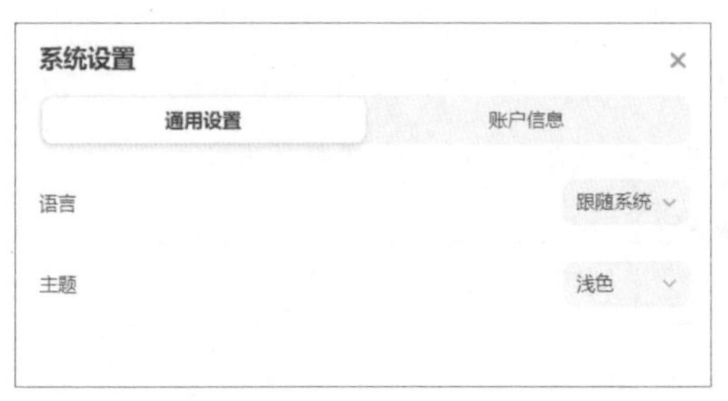

图 2-20

展开“语言”下拉列表，可以看到“English”“中文”“跟随系统”3个选项（如图2-21所示）。

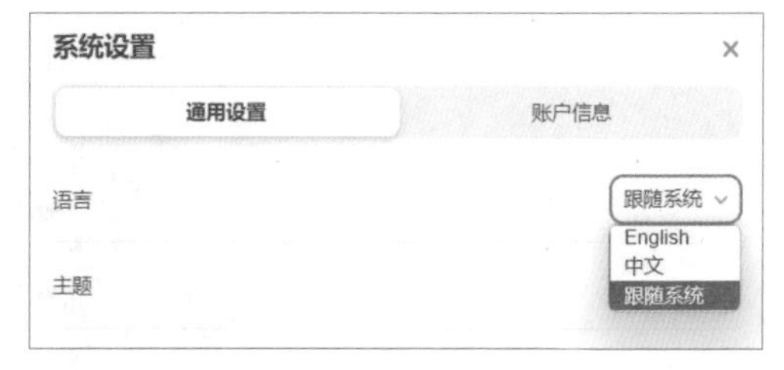

图 2-21

展开“主题”下拉列表，可以看到“浅色”“深色”“跟随系统”3个选项，选择“深色”选项，界面颜色将由白色变成黑色，字体颜色将由黑色和灰色变成浅灰色或白色（如图2-22所示）。

图 2-22

2.3 基本的交互操作

在了解了DeepSeek的界面和主要功能之后，我们就可以开始与它进行交流了，即在输入框中输入问题或提出各种要求。用户提出的需求越明确，DeepSeek的回答就会越准确。

2.3.1 如何提出第一个问题

作为刚接触DeepSeek的新人，在向它提问的时候可能会有些不知所措，以下是一些建议和方向（如图2-23所示），帮助你迈出第一步。

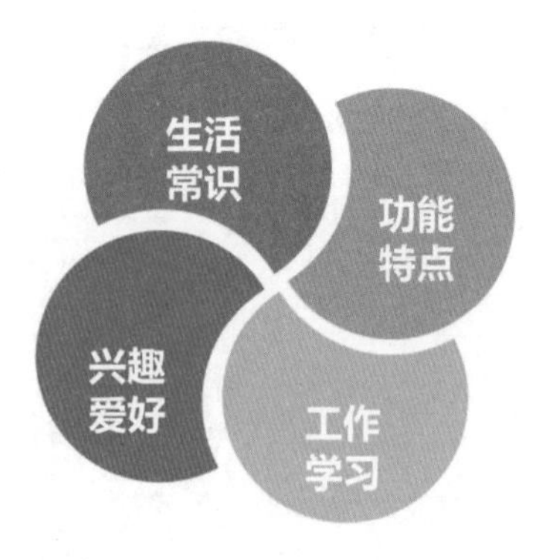

图 2-23

1. 从简单的生活常识入手

日常问题：可以询问一些生活中常见的问题，比如“今天天气怎么样？”“附近有什么好玩的景点？”，这类问题能够让你快速了解DeepSeek获取和整合信息的能力。

生活技巧：如“如何去除衣服上的油渍？”“怎样挑选新鲜的蔬菜？”等生活小窍门方面的问题，DeepSeek可以提供多种实用的方法和建议，让你感受到AI在生活中的实用性。

2. 了解DeepSeek的功能和特点

询问基本功能：直接问“你能做什么”或“你的主要功能有哪些？”，DeepSeek会向你介绍它所具备的各种能力，如回答问题、提供建议、进行文本创作等，帮助你初步认识它的应用范围。

了解擅长领域：比如“你在哪个领域的知识最丰富？”，通过它的回答，你可以知道它在哪些方面有更深入的了解和更准确的回答，以便后续更有针对性地提问。

3. 以兴趣爱好为切入点

电影音乐：如果你喜欢电影或音乐，可以问“有哪些好看的科幻电影推荐？”“最近有什么好听的流行歌曲？”，它将会根据你的喜好，推荐相关的电影或歌曲，并提供简单的介绍。

运动健身：若是对运动健身感兴趣，不妨提问“有哪些适合在家做的减肥运动？”“如何提高跑步速度？”，它会根据运动科学知识，给出合理的运动建议和方法。

4. 针对工作学习提问

工作相关：如果你是职场人士，可以问“如何提高工作效率？”“怎样撰写一份吸引人的简历？”，它能够提供一些实用的工作技巧和方法，帮助你更好地完成工作任务。

学习问题：学生可以询问学习方面的问题，比如“如何提高英语听力水平？”“数学函数的解题技巧有哪些？”，它可以分享一些学习方法和技巧，帮助你提高学习能力。

接下来带领大家与DeepSeek进行对话，让大家更直观地认识如何向DeepSeek提问。

Q 怎么才能挑到好吃的榴莲，有没有什么简单实用的小窍门？

A 挑选好吃的榴莲确实需要一些小技巧，下面是一些简单实用的方法，帮你轻松挑到香甜软糯的榴莲。

1. 看外形和颜色

圆润饱满：选择果形圆润、鼓包明显的榴莲（每个鼓包对应一房果肉），避免畸形或凹陷的。

颜色自然：成熟榴莲外壳呈青黄色或淡黄色，颜色过于青绿可能未熟，暗黄或发褐可能过熟。

2. 捏刺尖判断成熟度

刺软能捏动：相邻的两根刺，用手捏住尖端稍用力，若能被捏拢（有弹性），说明果肉成熟；若坚硬捏不动，可能未熟。

刺疏果肉厚：刺的密度越大，果肉越少；刺稀疏且粗壮的，果肉更饱满。

3. 闻气味

自然浓香：成熟榴莲会散发浓郁的香甜味，如果闻到青草味说明未熟；若有酒精味或酸味，可能过熟或变质。

4. 听声音

摇晃时听到果肉晃动声：双手捧起榴莲轻轻摇晃，听到内部有轻微碰撞声（果肉与壳分离），说明成熟度高。

5. 看果柄和裂口

果柄粗壮湿润：果柄粗且湿润的更新鲜，干枯的可能存放过久。

避免大裂口：轻微自然裂口的榴莲可能成熟，但裂口过大易滋生细菌，不建议选。

2.3.2 理解DeepSeek的回答

DeepSeek的回答通常会以文字形式展示在聊天窗口中。无论你提出的问题是简单还是复杂，DeepSeek都能以高效且准确的方式进行回应。当你询问一些简单信息，例如销售量、下载量、增长额度等时，DeepSeek能够迅速地给出具体数据，让你能够一目了然地获取所需信息。这种直接且明确的回答方式，非常适合快速获取关键数据和事实。

提示

在咨询此类问题时，建议用户打开联网搜索，以便DeepSeek获取最新信息。

如果面对的是复杂问题，比如创作一篇文章，DeepSeek会以条理清晰的段落形式输出完整且逻辑连贯的内容，从主题构思、框架搭建到细节阐述，每个部分都经过精心组织，确保内容的连贯性和可读性。这种能力使得DeepSeek不仅能够提供信息，还能帮助你进行深度思考和创作。

在某些情况下，DeepSeek的回答中可能还会包含图表、表格等可视化信息。这些内容会在回答的对应位置清晰展示，帮助你更直观地理解数据和信息。

例如，在分析收支状况时，DeepSeek可以生成图表来表现收支对比、支出结构占比等信息，让你能够更直观地把握整体情况。

Q 我上个月工资收入8000元，支出为房租3000元、餐饮2000元、水电费300元、购物1500元。这个月工资收入8500元，支出为房租3000元、餐饮2200元、购物1800元、水电费350元。请结合图表帮我简要分析这两个月的收支状况，看看有哪些地方可以优化。

A 两个月收支概况分析

1. 收支对比表

项目	上月	本月	变化
收入（元）	8000	8500	+500
总支出（元）	6800	7350	+550
结余（元）	1200	1150	−50

2. 支出结构（占本月收入比例）

房租35% ■■■■■■■■

餐饮26% ■■■■■■

购物21% ■■■■■

水电4% ■

3. 关键优化点

（1）房租过高

占比超35%（红线30%），建议换租/合租，目标：↓500元/月。

（2）餐饮+购物膨胀

两月合计涨500元，建议：

餐饮：自炊代替外卖（↓300元）

购物：设1500元限额（↓300元）

（3）收入↑但结余↓

本月收入多500元，结余反少50元

行动：工资到账立即转500元到储蓄账户

优化预期

优化项	节省额（元）	新结余（元）
房租	500	1650
餐饮	300	1950
购物	300	2250

结合图表分析，结余率可从14%提升至26%！

在DeepSeek生成答案后，如果你对它的回答有任何疑问，可以查看它的思考过程，了解它是如何得出结论的。此外，你还可以进一步向它提问，例如“能否解释一下这个结论的依据？”或“这个数据是如何计算出来的？”，DeepSeek会根据你的问题，提供更详细的解释和背景信息，帮助你更好地理解其回答。

总之，DeepSeek的回答方式既灵活又高效，能够根据你的需求提供不同形式的内容。无论是简单的数据查询还是复杂的创作任务，DeepSeek都能以清晰、准确的方式帮助你解决问题。

2.3.3 与DeepSeek进行多轮对话

与DeepSeek进行多轮对话时，掌握一定的方法和技巧非常重要。这不仅能够帮助用户更高效地获取所需信息，还能提升对话的流畅性和准确性，以下是一些要点和建议。

1. 明确对话目的和主题

在开始对话前，自己要先明确想要通过多轮对话获取什么信息或达到什么目的，确立一个清晰的主题，使对话围绕特定方向展开，避免过于发散。例如，如果想获取旅游攻略，就以“旅游攻略”为核心主题进行提问。

2. 理解DeepSeek的回答

在DeepSeek给出回答后，认真阅读和理解其内容，提取关键信息和要点。比如DeepSeek推荐了某个城市的旅游景点，要清楚每个景点的特点、位置等信息，看是否满足自己的需求，这是进行下一轮有效对话的基础。

3. 进行追问和拓展

如果DeepSeek的回答不够详细，可以针对其中的某个点进行追问。如DeepSeek提到某景点有独特的历史文化，就可以问“这个景点具体有哪些历史文化遗迹”，让DeepSeek进一步阐述。还可以基于当前主题，适当拓展到相关领域或方面。比如在讨论旅游攻略时，在了解了景点后，可以接着询问当地的美食、交通等情况，使对话不断深入和丰富。

在对话的过程中，若发现DeepSeek的回答存在错误或自己有误解的地方，要及时进行纠正和澄清，指出问题所在，如“你刚才说的某个景点开放时间好像不太准确，我查到的是另一个时间”，然后继续围绕正确的内容展开对话。

4. 注意对话逻辑和连贯性

多轮对话要按照一定的逻辑顺序进行，比如先问整体情况，再问具体细节；或者按照时间顺序、重要性顺序等提问，使整个对话有条理。

在对话过程中，也可以适当提及前面轮次的对话内容，让DeepSeek知道你在基于之前的讨论继续交流，增强对话的连贯性。例如“我们刚才说的那个景点附近还有其他好玩的吗”。

5. 适时调整提问方式和角度

如果DeepSeek对某个问题的理解有困难或回答不理想，可以尝试换一种方式提问，用不同的词汇或表达方式来阐述同一个问题。还可以从不同的角度思考问题并提问，以获取更全面的信息。比如在了解一款产品时，除了问产品的功能，还可以从用户评价、市场竞争力等角度提问。

接下来带领大家与DeepSeek进行对话，让大家更直观地了解如何与DeepSeek进行多轮对话。

我想看科幻电影，你能推荐几部吗?

当然可以！以下是一些经典的科幻电影推荐，涵盖了不同的风格和主题。

1.《银翼杀手2049》（Blade Runner 2049, 2017）

导演：丹尼斯·维伦纽瓦

简介：这部影片是1982年经典电影《银翼杀手》的续集，讲述了未来世界中人类与复制人之间的复杂关系。影片以惊人的视觉效果和深刻的哲学思考著称。

2.《星际穿越》（Interstellar, 2014）

导演：克里斯托弗·诺兰

简介：这部电影探讨了人类在面临地球资源枯竭时的星际移民计划。影片结合了硬核科学理论和感人至深的父女情感，视觉效果和音乐都非常震撼。

3.《盗梦空间》（Inception, 2010）

导演：克里斯托弗·诺兰

简介：影片讲述了一群能够进入他人梦境并窃取或植入思想的盗梦者的故事。影片结构复杂，充满了对现实与梦境的哲学探讨。

能详细介绍一下《星际穿越》吗？

当然可以！《星际穿越》（Interstellar）是一部由克里斯托弗·诺兰执导的科幻电影，于2014年上映。这部电影以其宏大的叙事、深刻的科学理论和感人至深的情感故事而广受好评。以下是对这部电影的详细介绍。

剧情概述

影片的背景设定在不远的未来，地球正经历着严重的环境恶化，农作物相继灭绝，沙尘暴频繁，人类面临着生存危机。前NASA宇航员库珀（马修·麦康纳饰）被迫成为一名农民，但他内心深处仍然渴望探索宇宙。

库珀偶然发现了一个秘密的NASA基地，基地的科学家们正在策划一个拯救人类的计划。他们发现了一个位于土星附近的虫洞，这个虫洞可能是人类逃离地球、寻找新家园的关键。库珀被选中带领一支探险队穿越虫洞，前往遥远的星系寻找适合人类居住的星球。

主要角色

库珀（Cooper）：由马修·麦康纳饰演，前NASA宇航员，影片的主角。他是一位深爱着女儿的父亲，为了人类的未来和家人的生存，毅然踏上了危险的星际旅程。

墨菲（Murph）：由杰西卡·查斯坦饰演，库珀的女儿。她从小就对科学充满好奇，成年后成为了一名科学家，致力于解决地球上的生存危机。

布兰德博士（Professor Brand）：由迈克尔·凯恩饰演，NASA的科学家，探险计划的策划者之一。他坚信人类可以通过科学找到新的家园。

艾米莉亚·布兰德（Amelia Brand）：由安妮·海瑟薇饰演，布兰德博士的女儿，也是一名科学家和宇航员。她与库珀一起执行星际任务，并在旅途中展现出坚定的信念。

评价与影响

《星际穿越》上映后获得了广泛的好评，被认为是一部兼具科学严谨性和情感深度的科幻杰作。影片在全球取得了较好票房成绩，并获得了多项奥斯卡提名，最终赢得了最佳视觉效果奖。

《星际穿越》的导演还有其他什么作品吗?

《星际穿越》的导演克里斯托弗·诺兰（Christopher Nolan）是当代最受瞩目的导演之一，以其复杂的叙事结构、深刻的主题和惊人的视觉效果而闻名。他的作品常常融合哲学思考、时间概念和人性探讨，深受影迷和评论家的喜爱。以下是他的一些主要作品。

1.《记忆碎片》（Memento, 2000）

类型: 悬疑 / 惊悚

简介: 这部电影讲述了一名患有短期记忆丧失的男子试图寻找杀害妻子的凶手的故事。影片采用非线性叙事，观众需要像主角一样拼凑记忆碎片来理解剧情。这部电影让诺兰一举成名，被认为是悬疑片的经典之作。

2.《蝙蝠侠：侠影之谜》（Batman Begins, 2005）

类型: 动作 / 超级英雄

简介: 这是诺兰执导的“蝙蝠侠黑暗骑士三部曲”的第一部，重新定义了超级英雄电影。影片聚焦于布鲁斯·韦恩如何成为蝙蝠侠，并探讨了恐惧、正义和复仇的主题。

第3章 CHAPTER 03

DeepSeek提问技巧与策略

在这个信息爆炸的时代，我们每天面临着海量的信息，能够快速、准确地获取自己需要的内容成了一项重要的技能。学习、掌握DeepSeek的提问技巧与策略，能让我们在与它的交互中如鱼得水，充分挖掘其价值。从清晰准确的基础提问，到引导式提问的深度挖掘，再到高级技巧的灵活运用，以及个性化设置的专属体验，每一个环节都相当重要。这些技巧不仅能提高我们获取信息的效率和质量，还能拓展我们的思维边界，为学习、工作和生活带来更多便利，激发更多灵感。

3.1　清晰准确的提问方式

为什么同样是向DeepSeek提问，有的人能得到满意的答案，而有的人却觉得它“答非所问”呢？其实，关键在于提问的方式。掌握正确的提问技巧，能够让DeepSeek更好地理解你的需求，从而给出更精准、更有价值的回答。接下来，就让我们一起学习如何向DeepSeek提问。

3.1.1　使用简洁明了的语言

向DeepSeek提问时，使用简洁明了的语言是确保它准确理解你的意图的基础。这需要用户把握三个关键点：通俗易懂的表达、突出重点和避免歧义。

1. 通俗易懂的表达

如果你向一个不太熟悉你专业领域的朋友提问，你会用一堆专业术语和复杂的句子吗？当然不会。向DeepSeek提问也是如此，用户在进行提问时，应尽量避免使用过于复杂或生僻的词汇、专业术语，除非你确定DeepSeek能够理解其特定含义。

反面案例： 请基于镜头的焦距、光圈值、快门速度以及感光度（ISO）之间的曝光补偿关系，结合黄金分割、对称构图等理论，阐述如何运用手机参数拍摄出具有艺术感染力的人像摄影作品。

正面案例： 用手机拍人物的时候怎么拍好看?

与前者相比，后者的表述更加通俗易懂，DeepSeek能够快速理解你的核心需求，进而提供更贴合实际的解决方案，如选择合适的光线、拍摄角度、使用人像模式等建议。使用通俗易懂的语言提问，不仅能让DeepSeek更容易理解，也能使你更高效地获取所需信息。

2. 突出重点

在使用DeepSeek这类人工智能工具时，提问的方式直接决定了你能获得什么样的答案。突出重点，将关键问题前置，是让AI迅速理解你的需求并给出高质量回答的关键。

比如，当你希望提升语言沟通技巧时，冗长且模糊的表述会让AI在理解时产生偏差，抓不住核心。

反面案例： 我最近在回顾自己和他人交流的过程，总觉得自己在表达上不够流畅，倾听时也不能很好地理解对方意思，导致人际关系处理得不太好，我想知道有什么办法能提升自己这方面的能力，有没有相关的学习资料或者书籍可以参考？

正面案例： 有哪些提升语言沟通技巧的方法和书籍推荐？

前者的提问太过烦琐，关键信息被淹没在大量的描述中。后者直接明了的提问方式，能让DeepSeek快速聚焦到你的核心需求上。它会迅速在海量的知识储备中搜索，为你推荐如《沟通的艺术》等经典书籍，详细介绍书中关于有效表达、积极倾听、化解冲突等实用的沟通技巧和策略。例如，《沟通的艺术》中提到的“知觉检核”技巧，能帮助你准确理解对方的意图，避免误解。通过这种高效的提问，你可以快速获取有价值的信息，为提升自己的语言沟通能力打开大门。

3. 避免歧义

用户提问时使用的词汇应具有明确的含义，避免因模糊不清或一词多义而导致DeepSeek误解你的问题。例如，在“苹果有哪些新产品？”这个问题中，“苹果”既可以指水果，也可以指苹果公司，容易产生歧义。如果想问苹果公司的新产品，应明确表述为“苹果公司有哪些新产品”，这样就能确保DeepSeek给出准确的回答。

3.1.2 明确问题的目标和范围

用户在向DeepSeek提问时，明确问题的目标和范围至关重要。这不仅能帮助DeepSeek更精准地理解你的需求，还能使你获得更符合期望的回答。接下来，我们将从确定问题类型、设定清晰目标和界定问题范围这三个方面，进行详细介绍。

1. 确定问题类型

不同类型的问题，需要采用不同的思考方式和提问策略。常见的问题类型有方法类、比较类、原因类、解释类等。明确问题类型有助于我们更有针对性地进行提问。

以方法类问题“如何提升英语听力”为例，这类问题的诉求是寻求具体的操作方法和步骤，期望得到一系列能够帮助提升英语听力水平的建议，如多听英语广播、观看英文电影并进行听写练习、使用专门的英语听力学习软件等。

而比较类问题“Python和Java哪个更适合初学者”，则侧重于对两个或多个对象进行对比分析，关注的是不同编程语言对于初学者的适用性。在回答此类问题时，

DeepSeek会从语法难度、应用领域、学习资源等多个方面进行比较分析，帮助提问者做出选择。

在提问之前，可以先思考自己的问题属于哪种类型，用准确的语言描述问题。这样DeepSeek能够更好地理解你的需求，从而给出更具针对性的回答。

2. 设定清晰目标

设定清晰的目标可以让DeepSeek更好地理解你想要得到的结果，从而提供更科学、实用、有价值的回答。

反面案例：我想学编程语言。

这个问题的目标比较模糊，DeepSeek可能不知道你具体对哪种编程语言感兴趣，也不清楚你的学习目的和期望达到的水平对问题的回答可能会比较宽泛，如介绍各种编程语言的特点、应用领域等，可能无法提供具体的学习建议。

正面案例：我想在3个月内掌握Python基础语法，且用于数据分析，有什么学习路径?

这个问题就明确了学习目标：在3个月内掌握Python基础语法，且用于数据分析。基于目标，DeepSeek可以给出更具针对性的学习路径，比如推荐适合初学者的Python基础教材；介绍在线学习平台；建议学习扩展程序库，如NumPy和Pandas，并提供相关的学习资料和实践项目。

3. 界定问题范围

用户进行提问时将问题的范围界定清楚，可以使DeepSeek的回答更加精准。如果问题的范围过于宽泛，得到的回答可能会很笼统，缺乏实际价值。

反面案例：如何提高写作能力?

这个问题的范围非常广泛，写作能力普适于各种文体、领域和应用场景。DeepSeek的回答可能会涉及写作的基本技巧，包括如何组织文章结构、运用修辞手法等，但这些回答可能无法满足你在特定领域的需求。

正面案例：如何提高新媒体文案中标题的吸引力?

这样提问可以将问题范围明确界定在新媒体文案写作的标题方面。DeepSeek可以提供更具针对性的策略，如抓住痛点，在标题中突出用户最关心的问题；创造共鸣，站在读者的角度构思标题，激发读者的情感共鸣；留下悬念，吸引读者继续阅读；使用数字和统计数据，使标题更具说服力和吸引力。

3.1.3 提供必要的背景信息

背景信息能够帮助DeepSeek更好地理解问题的来龙去脉和具体情境，从而给出更贴合实际需求的解决方案。用户在提问时，问题应该尽可能包含自身情况阐述、问题相关细节和事件背景介绍这三个方面。

1. 自身情况阐述

在咨询一些与个人相关的问题时，如求职建议、学习方法、健康咨询等，向DeepSeek阐述自身的情况，便于它给出更具针对性的建议。

反面案例：我想找工作，有什么建议？

这样的问题过于宽泛，DeepSeek可能只能给出一些通用的求职建议，如制作简历、参加招聘会、使用招聘网站等。你最好能补充自身的学历、专业、工作经验、职业规划、技能特长、期望薪资、期望工作地点等信息。

正面案例：我是一名即将毕业的计算机科学专业本科生，在校期间参与过多个软件开发项目，掌握Python、Java等编程语言，希望在长沙找到一份软件开发相关的工作，期望月薪8000元以上，请问我该如何准备？

DeepSeek就能根据这些具体信息，为你提供更详细、更贴合实际的建议。它可能会建议你重点突出项目经验和掌握的编程语言，在简历中详细描述项目成果和解决的技术难题；推荐你关注长沙地区的互联网科技公司，并提供这些公司的招聘渠道和岗位要求；还可能会为你提供面试技巧，如何回答常见的技术面试问题、如何展示自己的项目经验等。

2. 问题相关细节

当提出技术问题、产品使用问题或其他专业性较强的问题时，提供问题相关的细节，有助于DeepSeek准确地定位问题，并提供有效的解决方案。

反面案例：我的智能音箱没声音了，怎么办？

正面案例：我用的是小爱音箱Pro，购买已1年多。手机系统是安卓13，米家App版本是8.9.701。今天我像往常一样通过语音指令让它播放音乐，可音箱一点声音都没有，手机App上也显示播放正常。出现问题前，我刚刚对音箱进行了一次固件升级，还调整了家里的Wi-Fi路由器设置。请问这是怎么回事，该如何解决？

像前者这种宽泛的提问很难让DeepSeek找到问题所在。如果提供了具体细节，便能依据这些丰富信息展开分析。它或许会判断是固件升级存在兼容性问题，或者Wi-Fi路由器设置变动影响了音箱连接，进而给出对应的解决办法。比如尝试将音箱固件回滚到上一个稳定版本；重新检查并调整Wi-Fi路由器设置，确保音箱能正常连接网络；还可以联系小米官方客服，咨询专业人员以获得更专业的技术支持。

3. 事件背景介绍

在询问关于事件、政策、现象等相关问题时，用户向DeepSeek介绍事件的背景信息，能帮助它更好地理解问题，给出更深入、全面的回答。

假设用户想要分析电影《哪吒之魔童闹海》为何如此火爆，如果仅提问“《哪吒之魔童闹海》为什么这么火？”，DeepSeek缺乏足够信息，只能给出一些宽泛、缺乏针对性的回应。但要是补充上电影的创作背景、制作细节、宣传推广策略、上映档期和市场环境等背景信息，DeepSeek便能依据这些丰富的背景信息，从多个维度分析其火爆原因。它或许会指出，从制作层面来看，五年磨一剑的精心打磨、大量的技术创新以及对细节的极致把控，为影片奠定了坚实的质量基础；上映档期巧妙避开同类型竞争，契合春节档阖家观影需求；从市场环境而言，顺应了国产动画崛起的趋势，满足了观众对优质国产动画的期待。

3.2 引导式提问方法

很多人在使用DeepSeek时，只是简单直白地抛出问题，却忽略了引导它给出更符合需求的答案。就好比我们与一位智者交流，如果提问方式不得当，也很难从他那里获取到真正有价值的见解。而引导式提问方法，就是开启DeepSeek强大功能的一把关键钥匙，它能帮助我们深入挖掘DeepSeek的潜力，让其为我们提供更优质、更贴合需求的服务。

3.2.1 分步提问引导思路

当用户面对复杂问题时，分步提问是引导DeepSeek给出详细解答的有效方法。以设计电商App为例，如果直接问“如何设计一个电商App？”会过于宽泛，DeepSeek或许只能给出一些笼统的概念，如要考虑用户界面设计、功能模块规划、后端技术选型等。但如果你分步进行提问，效果就会大不相同。

设计一个面向年轻女性的时尚电商App，首页应该包含哪些核心功能模块？

面向年轻女性的时尚电商App首页应包含以下核心功能模块。

模块	内容	详情
个性化推荐	推荐位	根据用户浏览、收藏、购买记录，推荐个性化商品，类别包括“猜你喜欢”“新品推荐”“限时优惠”等
	风格测试区	通过趣味测试了解用户风格偏好，推荐相应商品
	搭配推荐区	提供不同场景的穿搭建议，如“通勤穿搭”“约会穿搭”等
商品展示	分类导航	清晰分类，如“上衣”“下装”“裙装”“鞋包”等，方便用户快速查找
	精选专题	根据季节、流行趋势等推出专题，如“夏日清凉穿搭”“秋季必备单品”等
	品牌专区	展示热门品牌或设计师品牌，吸引用户关注
促销活动	轮播图	展示最新促销活动、品牌合作等信息
	限时抢购区	设置限时折扣商品，营造紧迫感，刺激消费
	优惠券领取区	提供不同面额的优惠券，吸引用户下单

（续表）

模块	内容	详情
社交互动	用户晒单区	鼓励用户分享购物体验和穿搭照片，增加互动性和真实性
	时尚社区	打造时尚话题讨论区，用户可以分享穿搭心得、交流时尚资讯
	直播入口	邀请时尚博主或KOL直播带货，提升用户参与度和购买欲望
其他	搜索栏	方便用户快速查找商品
	购物车	方便用户查看和管理已选商品
	个人中心	供用户查看订单、收藏、优惠券等信息
设计建议	界面应简洁美观，采用清新明亮的色彩搭配，符合年轻女性审美。操作应流畅便捷，优化用户体验，简化操作流程。内容应优质丰富，提供高质量的图片和视频，吸引用户关注	
总结	首页为用户留下对App的第一印象，需要兼顾功能性和美观性，通过个性化推荐、商品展示、促销活动、社交互动等功能模块，吸引用户关注，提升用户体验，最终实现转化	

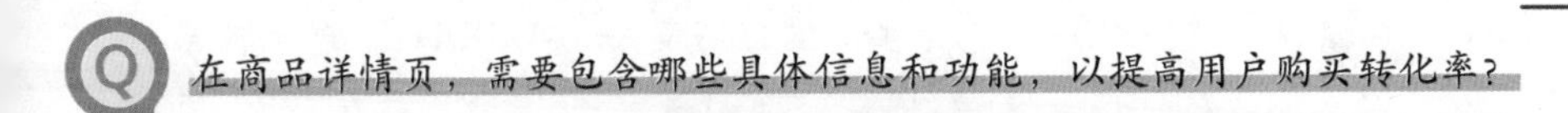

Q 在商品详情页，需要包含哪些具体信息和功能，以提高用户购买转化率？

A 商品详情页信息展示与功能设计如下，目标是提升购买转化率。

作用	信息与功能	详情
展示核心信息	商品图片与视频	高清、多角度展示商品细节，可添加视频展示动态效果
		提供模特试穿效果图，帮助用户更直观地了解商品
	商品标题与价格	标题简洁明了，突出商品卖点
		价格标注清晰，可显示折扣信息或优惠价格
	商品详情描述	详细描述商品材质、尺寸、颜色、工艺等信息
		突出商品特色和优势，使用场景化语言
	用户评价与晒单	展示真实用户评价，包括文字、图片、视频等形式
		设置评价筛选和排序功能，方便用户查看
	尺码指南与试穿报告	提供详细的尺码表，并标注模特身材信息供参考
		鼓励用户分享试穿报告，帮助其他用户选择合适的尺码
提升购买转化率	加入购物车与立即购买	按钮设计醒目，方便用户快速下单
		设置库存提醒功能，避免用户错过心仪商品
	收藏与分享	允许用户收藏商品或分享给好友，增加商品曝光率
	优惠券与促销信息	展示可用的优惠券或促销活动，刺激用户下单
	搭配推荐	根据当前商品推荐搭配单品，提升客单价
	客服咨询	提供在线客服或电话咨询入口，及时解答用户疑问
	物流与售后信息	清晰展示物流信息和售后服务政策，消除用户顾虑
总结	商品详情页是用户做购买决策时的关键参考，需要提供全面、真实、可信的商品信息，并结合便捷的功能设计所带来的良好用户体验，才能有效提升用户购买转化率	

从性能和数据安全角度来看，哪种后端框架和数据库更适合这个电商App?

电商App后端框架与数据库推荐如下。

1. 后端框架选择

❶ Node.js（Express/Koa）

优点：轻量高效，适合处理高并发请求，拥有完整的生态系统和良好的社区支持。

缺点：异步编程模型对开发者要求较高，需要处理回调地狱等问题。

❷ Python（Django/Flask）

优点：开发效率高，代码简洁易读，拥有丰富的第三方库支持。

缺点：性能相对Node.js稍弱，在高并发场景下需要优化。

❸ Java（Spring Boot）

优点：性能稳定，安全性高，拥有成熟的生态系统和企业级支持。

缺点：开发效率相对较低，学习曲线较陡峭。

推荐选择：Node.js（Express/Koa）更适合面向年轻女性的时尚电商App，因为它能够很好地应对高并发访问，并且拥有丰富的第三方库支持，方便开发者快速开发出功能丰富的应用。

2. 数据库选择

❶ 关系型数据库（MySQL/PostgreSQL）

优点：数据结构化，支持复杂查询和事务处理，数据一致性强。

缺点：扩展性相对较差，在处理海量数据时性能会下降。

❷ 非关系型数据库（MongoDB）

优点：数据结构灵活，扩展性强，适合存储非结构化数据。

缺点：不支持复杂查询和事务处理，数据一致性相对较弱。

推荐选择：关系型数据库（MySQL/PostgreSQL）更适合电商App，因为电商业务涉及订单、支付信息等要求强一致性的数据，关系型数据库能够更好地保证数据的一致性、完整性和安全性。

3. 其他技术选型建议

❶ 缓存：使用Redis等缓存技术，提高数据读取速度，减轻数据库压力。

❷ 消息队列：使用RabbitMQ等消息队列，实现异步处理，提高系统吞吐量。

❸ 搜索引擎：使用Elasticsearch等搜索引擎，提供高效的商品搜索功能。

❹ 安全防护：使用HTTPS、数据加密、身份验证等技术，保障用户数据安全。

总结：电商App的技术选型需要综合考虑性能、安全、开发效率等因素。对于此App，推荐使用Node.js（Express/Koa）+MySQL/PostgreSQL的技术栈，并结合缓存、消息队列、搜索引擎等技术，构建高性能、高可用的电商平台。

3.2.2 追问与细化问题

在与DeepSeek交互的过程中，想获得更精准、全面且深入的信息，掌握有效的提问策略是必不可少的。追问与细化问题便是其中极为关键的一环，它能帮助我们打破信息的壁垒，深入探索知识的海洋。

1. 深入挖掘细节

当从DeepSeek那里得到的回答比较笼统时，深入挖掘细节的追问就显得尤为重要。以了解历史事件为例，若你询问“工业革命对世界经济格局产生了怎样的影响？”，DeepSeek可能会给出一个大致的概述，如“工业革命极大地推动了生产力的发展，使世界经济格局从以农业为主转向以工业为主，西方国家凭借工业优势在全球经济中占据主导地位。”这样的回答虽然涵盖了主要内容，但对于深入研究来说可能不够具体。

这时，你可以追问：“工业革命具体开始于哪一年，在哪些国家率先展开？有哪些代表性的人物和发明起到了关键推动作用？在工业革命过程中，西方国家在全球经济中占据主导地位的具体表现有哪些，比如在贸易、资源控制等方面？”。

这些追问能引导DeepSeek进一步挖掘历史事件的细节，让我们对工业革命对世界经济格局的影响有更全面、更深入的理解。这些细节信息不仅能丰富我们的知识储备，还能为我们在撰写相关论文、进行学术讨论或教学时提供更充实的论据。

2. 要求解释专业概念

在DeepSeek的回答中，常常会出现一些专业概念，这时要求它进行解释是高效获取准确信息的关键。比如，询问“量子计算在未来有哪些潜在应用？”，DeepSeek可能会提到“量子计算利用量子比特等量子特性进行计算，具有强大的计算能力，在密码学、药物研发等领域有潜在应用”。这里的“量子比特”就是一个比较专业的概念，如果我们不太理解，就可以追问：“能用通俗易懂的语言解释一下什么是量子比特吗？它与传统计算机中的比特有什么区别？”。

面对这样的追问，DeepSeek会用更通俗的方式解释量子比特，如“量子比特是量子计算中的基本信息单元，与传统计算机中只能表示0或1两种状态的比特不同，量子比特可以处于0和1的叠加态，这使得量子计算能够同时处理多个信息，大大提高了计算效率。”，这样的解释能让我们更好地理解量子计算的原理，从而更深入地探讨其在未来的潜在应用。此外，对于一些容易混淆的概念，如“人工智能”和“机器学习”，我们也可以通过追问它们之间的区别和联系，来加深对这些概念的理解，避免在应用时出现混淆。

3. 根据回答调整问题

在与DeepSeek交互的过程中，我们可能会遇到得到的回答与预期有偏差的情况，这时候根据回答及时调整问题方向就显得至关重要。例如，当你希望DeepSeek推荐一些关于投资理财的入门书时，它可能会推荐一些专业性较强、难度较高的书，不太适合初学者。

此时，就需要及时调整问题，如“我是一个完全没有投资理财经历的新手，对金融知识了解甚少，你能不能重新推荐一些更适合我这种初学者入门的投资理财书，最好是语言通俗易懂、案例丰富的。”，通过这样的调整，我们向DeepSeek传达了更准确的需求信息，它就能根据我们的新要求，推荐像《小狗钱钱》《富爸爸穷爸爸》等适合初学者的经典投资理财书，满足需求。这种根据回答及时调整问题的能力，能让我们与DeepSeek的交流更加高效，确保我们最终获得的回答是符合自己期望的。

3.2.3 示例引导提问

示例引导提问，作为一种极具针对性和有效性的提问策略，能让我们获取更精准、实用的内容。下面是几种具体又实用的示例引导提问方法。

1. 场景假设提问

场景假设提问能让我们从DeepSeek那里获得更贴合实际情况的解决方案。以制订旅行计划为例，不同的旅行场景和条件会导致得到的旅行计划有很大差异。

反面案例：帮我制订一个旅行计划。

正面案例：我计划下个月和家人去成都旅行，预算是5000元，旅行时间为3天，家人中有老人和小孩，一共6个人，我们都喜欢美食和自然风光，帮我制订一个详细的旅行计划，包括每天的行程安排、交通方式、推荐的美食和景点门票费用等。

对于前者，DeepSeek给出的计划可能过于笼统，无法满足我们的个性化需求；而后者这样的场景假设提问，能够使DeepSeek充分考虑我们的预算限制、家庭人员构成及兴趣偏好。它可能会推荐一些门票价格较为亲民、适合老人和小孩游玩的景点，如都江堰、青城山等，同时会推荐一些当地特色美食，如龙抄手、钟水饺等，还会根据景点之间的距离规划合理的交通方式，如地铁、公交或者打车，确保整个旅行计划既经济实惠又能让全家人都玩得开心。这样的旅行计划更具参考价值，能帮助我们更好地安排旅行。

2. 参考示例提问

在创作文章时，参考示例提问可以让DeepSeek快速了解我们期望的文章风格、结构和语言特点，从而为我们生成更符合要求的内容。以需要写一篇关于科技发展对生活影响的议论文的情况为例。

反面案例：帮我写一篇关于科技发展对生活影响的议论文。

正面案例：我给你一篇《科技改变生活》的文章作为示例，它的开头通过描述人们日常使用智能手机的场景，引出“科技对生活的影响”这一主题；中间部分从通信、交通、医疗等多个方面详细阐述科技带来的改变，并且每个方面都列举了具体的案例和数据；结尾部分总结科技发展的积极意义，并展望未来。请你参考这篇文章的风格、结构和语言特点，帮我写一篇关于科技发展对生活影响的议论文，字数在1500字左右，要求语言生动、逻辑清晰，要有具体的案例和数据支持观点。

通过后者这样的参考示例提问，DeepSeek能够更准确地把握我们对文章的要求，在创作过程中模仿示例文章的优点，从相似的角度展开论述，运用生动的语言、具体的数据和案例，为我们生成一篇高质量议论文。

3. 对比示例提问

在面对选择产品的决策时，对比示例提问能让DeepSeek全面分析不同产品的优缺点，从而帮我们做出更明智的选择。以购买笔记本电脑为例。

反面案例： 我该买哪款笔记本电脑?

正面案例： 我在考虑购买戴尔XPS 13和联想ThinkPad X1 Carbon这两款笔记本电脑中的一款，主要用于日常办公，会经常处理文档、制作表格，偶尔也会进行一些轻度的图片处理工作。希望笔记本电脑轻薄便携、续航能力强。请你对比分析一下这两款笔记本电脑在性能、轻薄程度、续航、散热及价格等方面的优缺点，帮我判断哪一款更适合我。

市场上有众多品牌和型号的笔记本电脑，各有其特点和适用场景，前者的提问太过宽泛，DeepSeek很难给出有针对性的建议。后者将问题具体到两款笔记本电脑上，DeepSeek就可以结合我们的使用需求，详细对比它们在各个方面的表现。通过对比分析，我们能更清晰地了解两款产品的差异，从而选择出更符合自己需求的笔记本电脑。

3.3 高级提问技巧

在与DeepSeek的交互中，掌握高级提问技巧能帮助我们更高效、准确地获取所需信息。这些技巧就像一把把钥匙，能够打开DeepSeek丰富知识宝库的大门，让我们从中精准地找到对自己最有价值的内容。接下来，我们将从使用特定关键词和指令、条件限定与范围设定、问题组合与关联提问等多个方面，深入了解这些高级提问技巧，从而更好地利用DeepSeek这一强大的工具。

3.3.1 使用特定关键词和指令

关键词能够突出问题的重点，帮助DeepSeek迅速聚焦关键信息，从而更准确地理解我们的需求，给出符合我们期望的回答。就好比在图书馆找书，如果没有书名、作者等关键词作为指引，我们很难快速找到自己需要的那本书。如果提问中没有明确的关键词，DeepSeek可能会在储备的知识中徘徊，难以确定回答的方向，导致回答偏离我们的预期。

验证码：50359

1. 关键词

（1）领域关键词

领域关键词能让DeepSeek明确我们的问题所处的专业领域，从而在特定领域的知识范围内作答。比如，“医学领域中，治疗高血压的最新药物有哪些？”中的“医学领域”就是领域关键词，它让DeepSeek明白我们关注的是医学范畴内关于高血压治疗药物的信息。

（2）功能关键词

功能关键词能明确我们对回答的功能要求，使DeepSeek清楚我们是要它进行分析、总结、对比还是其他操作。例如，“对比Python和Java编程语言的优缺点”中的“对比”就是功能关键词，它让DeepSeek明白我们需要的是对Python和Java这两种编程语言进行比较分析，从而详细阐述Python在数据处理、机器学习库方面的优势，以及Java强类型检查、稳定性高的特点等。

（3）格式关键词

格式关键词可以规定回答的呈现格式，方便我们更直观地获取和使用信息。比如在学习编程时，我们可以要求“用代码块展示Python实现冒泡排序的代码”，“用代码块展示”就是格式关键词，DeepSeek会按照要求，以代码块的形式清晰呈现Python实现冒泡排序的代码（如图3-1所示）。

```
1 def bubble_sort(arr):
2     n = len(arr)
3     for i in range(n):
4         for j in range(0, n - i - 1):
5             if arr[j] > arr[j + 1]:
6                 arr[j], arr[j + 1] = arr[j + 1], arr[j]
7     return arr
8 
```

图 3-1

2. 指令

在与DeepSeek交互的过程中，指令就像是我们给它下达的具体“行动命令”，它能让DeepSeek清楚地知道我们要它完成的具体操作。指令主要包括角色设定指令、任务指令和风格指令，不同类型的指令有着不同的作用，它们相互配合，能让我们从DeepSeek那里获得更符合需求的结果。

（1）角色设定指令

角色设定指令就像是给DeepSeek披上了一件特定的“身份外衣”，让它以特定的角色视角来回答问题。比如，我们在遇到法律相关问题时，可以这样提问：“假设你是资深律师，解读一下《民法典》中关于房屋租赁合同的条款有哪些需要特别注意的地方。”

这样一来，DeepSeek在回答时就会运用律师的专业知识，从法律条文解读、实际案例分析、风险防范等多个角度进行阐述，给出的回答会比普通的解答更加专业、全面和深入，能让我们更好地理解相关法律条款。

（2）任务指令

任务指令是DeepSeek要完成的任务内容和步骤的详细说明。当我们面对复杂的问题或任务时，使用任务指令能让DeepSeek有条不紊地进行分析和解答。例如，在进行市场调研和营销策划时，我们可以这样提问：“第一步，分析当前智能手机市场的竞争现状，包括主要品牌的市场份额、产品特点和目标用户群体；第二步，基于市场分析，提出针对我们新推出的智能手机的营销策略，包括产品定位、定价策略、推广渠道等。”

详细的任务指令能引导DeepSeek按照我们设定的步骤，先深入分析市场现状，再根据分析结果提出有针对性的营销策略。每个步骤都紧密相连，最终为我们提供一套完整的、有逻辑的市场分析和营销策划方案，帮助我们更好地做商业决策。

（3）风格指令

风格指令可以让DeepSeek按照我们指定的风格进行内容创作，满足我们在不同场景下的多样化需求。比如，我们需要写一篇正式的商务报告，就可以要求“以严谨、专业的商务风格，撰写一份关于上季度公司销售业绩的分析报告，包含数据图表和详细的文字分析”。DeepSeek会按照商务报告的规范格式和语言风格，运用准确的数据和专业的术语进行撰写，为我们提供一份适合在商务场合使用的高质量报告。

另外，对于不同类型的任务，指令的侧重点也不同，如表3-1所示。

表3-1

任务类型	指令侧重点	示例	需避免的指令
数学证明	直接提问，无须分步引导	“证明勾股定理”	非必要拆解（如“先画图，再列公式”）
创意写作	鼓励发散性，设定角色/风格	“以鲁迅的风格写一篇讽刺文章”	过度约束（如“按时间顺序列出”）

（续表）

任务类型	指令侧重点	示例	需避免的指令
代码生成	需求简洁，信任模型逻辑	“用Python实现快速排序”	分步指导（如“先写递归函数”）
多轮对话	明确对话目标，避免开放发散	“从技术、伦理、经济三方面分析AI的未来”	情感化提问（如“你害怕AI吗?”）
逻辑分析	直接抛出复杂问题	“分析‘电车难题’中功利主义与道德主义的冲突”	主观引导（如“你认为哪种对？”）

3.3.2 条件限定与范围设定

通过特定关键词和指令，我们能让DeepSeek初步理解问题的核心和方向。然而，当我们面对复杂的问题，尤其是需要分析具体数据、探讨特定情况时，仅仅依靠关键词和指令还不够。这时候，条件限定与范围设定就显得尤为重要。它们像精准的筛子，帮助我们从海量的信息中筛选出有价值、贴合需求的内容，避免得到宽泛、无针对性的回答。

接下来，让我们深入了解如何通过条件限定与范围设定，从DeepSeek处获取更优质的回答。

1. 条件限定

条件限定就是在提问中明确给出一些具体的条件，使DeepSeek能够根据这些条件给出更精准的回答。

比如，当你想购买手机时，如果只是说“推荐一款手机”，DeepSeek不知道你的预算、对手机性能的要求等，推荐的手机可能就不符合你的期望。但如果加入条件限定，提问“我的预算在5000元左右，手机主要用于玩游戏和拍照，推荐一款性能强劲、拍照效果好的手机”，DeepSeek就能根据你的预算和使用需求推荐合适的手机。

2.常见限定条件

（1）预算

预算限定在很多场景中都非常实用，如购物、装修、项目策划等。在购物时，我们可以问“预算3000元，推荐一款性价比高的笔记本电脑”，这样DeepSeek就会根据预算为我们筛选出价格合适的笔记本电脑型号，并分析它们的性能和优势。

（2）技能水平

对于学习和技能提升相关的问题，技能水平限定能让我们得到更适合自己的建议。例如，“对于零基础的初学者，学习Python编程的入门方法有哪些”，这里的“零基础的初学者”表明了提问者的技能水平，DeepSeek会给出从安装编程环境、基础语法学习到简单项目实践等适合初学者的建议，而不是直接给出一些针对高级开发者的复杂教程。

3. 范围设定

在使用DeepSeek获取信息时，范围设定能帮助我们从海量的知识中精准地筛选出所需内容。

比如，当我们想要了解新能源汽车的市场情况，如果只是简单地问“新能源汽车销量排名前十的品牌有哪些”，得到的回答可能涵盖了全球范围、多年的数据，这样的信息过于宽泛，不一定能满足我们当下的需求。如果我们设定范围，提问“2024年中国新能源汽车销量排名前十的品牌”，DeepSeek就能聚焦于特定的时间（2024年）和地域（中国），为我们提供更具针对性的信息。

4. 设定范围的维度

（1）时间维度

在很多场景下，限定时间范围能让提问更具时效性和针对性。在制订工作计划时，若你只是问“如何提高工作效率”，得到的回答可能是一些通用的长期建议。但如果你限定时间范围，提问“在接下来的一个月内，如何快速提高工作效率，完成这个季度的销售目标？”，DeepSeek就能根据短期目标，提供更具体、可操作的建议，如制订每日任务清单、合理安排会议时间、优先处理重要或紧急任务等，帮助你在有限的时间内提升工作效率。

（2）地域维度

地域范围的设定在很多场景中都很有用。例如，在了解旅游信息时可以问“湖南长沙有哪些必去的旅游景点”，通过限定地域为“湖南长沙”，DeepSeek会为我们介绍像岳麓山、橘子洲头、湖南博物院等长沙当地的知名景点，而不会涉及其他地区的景点。

（3）领域维度

当我们在探索跨学科知识时，领域范围的设定能帮助我们更准确地获取信息。比如，“心理学和教育学交叉领域的最新研究成果有哪些”，通过设定“心理学和教育学交叉领域”这个范围，DeepSeek会为我们提供如基于认知心理学的个性化学习策略、教育心理学中关于学生动机激发的最新研究等内容，避免只在心理学或教育学领域中徘徊，让我们快速了解两个领域融合产生的新知识。

5. 条件限定与范围设定的协同

在处理复杂问题时，条件限定和范围设定往往需要协同使用，才能让DeepSeek给出更精准、全面的回答。

反面案例：帮我制订一份健身计划。

得到的计划或许是涵盖各种运动项目、适合不同人群和目标的笼统内容，难以契合个人实际需求。

正面案例：对于一位25岁、体重70千克、身高175厘米、每周只有2天空闲时间，每次可运动1~2小时，且希望在2个月内增强核心力量和提高身体柔韧性的男性上班族，在家庭环境且没有专业健身器材的条件下，有哪些合适的健身计划?

这个问题清晰界定了个人身体状况、时间安排及健身目标。“在家庭环境且没有专业健身器材的条件下”则是范围设定，明确了健身的场地和器材限制。通过这样协同设定条件和范围，DeepSeek便能综合考量这些因素，推荐像平板支撑、仰卧举腿、瑜伽中的猫牛式和下犬式等适合在家进行的训练动作，同时详细说明每个动作的步骤、组数、频率，以及预期达到的效果，让生成的健身计划切实可行，更具参考价值。

3.3.3 问题组合与关联提问

在实际应用中，很多问题并非孤立存在，它们之间往往存在着复杂的逻辑关系和内在联系。这就需要提问者学会问题组合与关联提问，将多个相关问题有机地结合起来，引导DeepSeek从不同角度、不同层面分析和解答，从而获得更全面、更深入的知识。

1. 问题组合：构建知识拼图

问题组合，简单来说，就是将多个相互关联的问题巧妙地整合在一起，形成有机的问题集合，就像把零散的拼图碎片组合起来，最终呈现出完整的画面。当我们面对复杂的研究主题时，如“人工智能在教育领域的应用与挑战”，单一的问题往往无法覆盖其丰富的内涵，而通过问题组合，我们可以从多个维度进行提问，如下所示。

人工智能在教学方法上有哪些创新应用？

它对学生学习效果的提升有哪些具体数据支持？

在推广过程中面临的技术和教育理念方面的挑战分别是什么？

这样的组合能引导DeepSeek全面分析，避免片面的回答，从而为我们提供一幅关于该主题的全景图，深入挖掘其中的各种细节和潜在联系。

常用的问题组合有并列式和递进式两种。

并列式组合是将几个不同但又紧密相关的问题并列提出，它们从不同侧面反映同一事物或现象。以市场调研为例，若要了解一款新推出的智能手机的市场表现，我们可以提出如下并列问题。

这款手机在不同年龄层用户中的受欢迎程度如何？

在不同地域的销售情况有何差异？

与竞争对手的同类产品相比，它的优势和劣势分别是什么？

这些问题分别从用户年龄、地域分布、竞品对比等多个并列角度，帮助我们全面了解产品的市场状况，就像从不同方向观察同一座建筑，每个方向都展示出建筑的不同侧面。

递进式组合即按照问题的深度、复杂程度或解决步骤依次提问，问题之间呈现出层层递进的关系。比如，在制订一个项目计划时可以提出如下问题。

先问：项目的目标和预期成果是什么？

明确目标后，进一步问：为实现这些目标，我们需要采取哪些主要步骤？

在确定步骤后，再深入：每个步骤可能遇到的风险和挑战有哪些，如何应对？

这种递进式的提问，如同登山一样，一步一个台阶，逐步深入问题的核心，让我们对项目计划的制订和实施有更系统、更深入的理解。

2. 关联提问：挖掘知识深度

关联提问，简单来说，就是基于DeepSeek给出的回答，进一步提出相关问题，像层层剥洋葱一样，不断挖掘知识的深度和广度。常见的关联提问类型有因果关联、对比关联、拓展关联（如图3-2所示）。

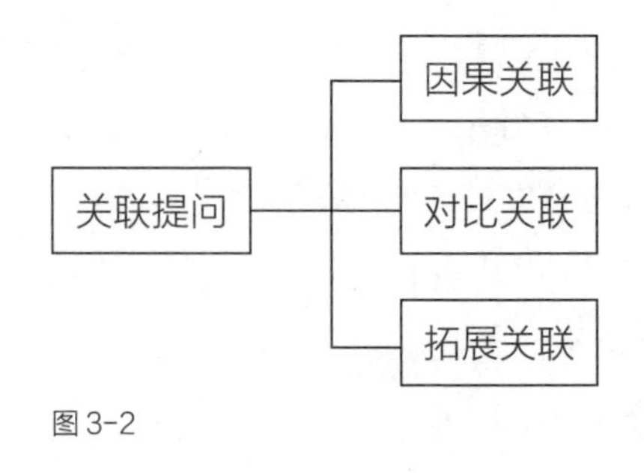

图3-2

（1）因果关联

因果关联是一种极具深度的提问方式，旨在探究回答背后隐藏的因果逻辑。当DeepSeek阐述某个现象或给出某一结论时，我们不应该浅尝辄止，而应大胆追问其产生的深层次原因。

例如，当我们询问“为什么某地区的房价持续上涨？”时，DeepSeek可能回答是因为经济发展、人口流入等因素。此时，我们可以进一步关联提问：“经济发展是如何具体影响房价的？人口流入主要集中在哪些年龄段和职业，对房价的影响是如何体现的？”。通过这样的因果关联提问，我们能够深入了解房价上涨背后的复杂机制，而不仅仅停留在表面原因。

（2）对比关联

对比关联的核心在于将不同的事物、概念或观点放在一起进行对比分析，从而清晰地找出它们之间的异同点。

以电子产品为例，当我们想了解某品牌新款手机的性能时，先问“某品牌新款手机的性能如何？”，在得到回答后，进行对比关联提问：“与上一代产品相比，新款手机在处理器性能、电池续航、拍照效果等方面有哪些提升和不足？”“和同价位的其他品牌手机相比，它的优势和劣势分别是什么？”。这样的对比关联提问，能让我们更清晰地认识该产品的特点，做出更明智的决策。

（3）拓展关联

拓展关联提问是从已有的回答出发，巧妙地延伸出新的问题，扩大知识范围。

比如，当DeepSeek给出了一周的健身安排后，我们可以拓展关联提问：“针对不同的健身目标，如增肌、减脂、提高耐力，这个计划应该如何调整？”“在健身过程中，如何搭配饮食来更好地实现健身目标？”。通过这种拓展关联提问，我们能从一个简单的健身计划问题，延伸到整个健身知识体系，全面提升对健身的认知。

3.4 个性化设置

前面的内容详细介绍了高级提问技巧，包括使用特定关键词和指令、条件限定与范围设定，以及问题组合与关联提问，这些技巧能帮助我们更有效地向DeepSeek提出问题，获取准确、有价值的信息。同时，DeepSeek提供了丰富的个性化设置功能，通过这些设置，我们可以根据自身的需求和使用习惯，对DeepSeek进行定制，使其更好地服务于我们。

3.4.1 语言和主题设置

个性化设置是我们根据自身需求定制DeepSeek的重要途径，而语言和主题设置则是其中的基础部分。语言设置直接影响我们与DeepSeek交流的便利性，选择熟悉的语言能让我们更顺畅地表达问题和理解回答。在DeepSeek首页右下角单击头像，然后选择“系统设置”就可以选择语言和主题（如图3-3所示）。

图3-3

用户在提问时，也可以规定语言。

Q 我想学习法语语法，我的问题是 “Expliquez-moi la conjugaison des verbes en -er en français”，请用法语回答。

A Bien sûr! Voici une explication sur la conjugaison des verbes en -er en français.

Conjugaison des verbes en -er

Les verbes en -er (comme parler, aimer, manger) sont des verbes du premier groupe.

Ils suivent une conjugaison r é guli è re au pr é sent de l'indicatif. Voici la r è gle g é n é rale.

1. Terminaisons

❶ Je: −e

❷ Tu: −es

❸ Il/Elle/On: −e

❹ Nous: −ons

❺ Vous: −ez

❻ Ils/Elles: −ent

2. Exemple avec le verbe "parler"

❶ Je parle

❷ Tu parles

❸ Il/Elle/On parle

❹ Nous parlons

❺ Vous parlez

❻ Ils/Elles parlent

3. Exceptions et particularit é s

❶ Pour les verbes comme manger ou commencer, on ajoute un −e ou un −ç devant les terminaisons qui commencent par −a ou −o pour garder le son doux.

❷ Le verbe aller est un cas sp é cial : bien qu'il se termine par −er, il ne suit pas cette conjugaison et est irr é gulier.

4. Astuce pour mémoriser

Les verbes en −er sont les plus courants en français. Une fois que vous maîtrisez leur conjugaison, vous pouvez facilement conjuguer la majorit é des verbes français!

Avez−vous d'autres questions sur la grammaire française?

3.4.2 回答风格和语气设置

回答风格和语气设置为我们与DeepSeek的交互增添了更多人性化的色彩。不同的场景和需求往往需要不同风格和语气的回答，通过设置回答风格和语气，我们可以让DeepSeek的回答更符合当下的使用情境，无论是正式严肃的商务场合，还是轻松活泼的日常交流，都能获得满意的回答。

Q 请以正式、专业的商务风格，帮我写一封邮件，邀请对方参加我们公司新书的发布会。邮件内容需包含发布会的时间（2025年2月11日）、主题（DeepSeek）、产品亮点（全面、专业、新颖），以及合作的潜在机会。

A 邮件主题：诚邀您参加[公司名称]新书《DeepSeek》发布会

尊敬的[收件人姓名]：

您好！

我们诚挚地邀请您参加[公司名称]即将举办的新书发布会，共同见证《DeepSeek》的正式发布。此次发布会将深入探讨人工智能领域的前沿趋势，并分享我们在AI技术应用中的创新成果。

发布会详情如下。

时间：2025年2月11日（周二）下午2:00—4:00

形式：线下+线上直播（链接将提前发送至您的邮箱）

主题：DeepSeek——探索AI技术的未来与应用

《DeepSeek》亮点抢先看！

前沿洞察：深入解析AI技术的最新发展，涵盖自然语言处理、机器学习等核心领域。

实战案例：分享多个行业应用场景，展示AI如何赋能企业创新与效率提升。

未来展望：探讨AI技术的潜在机遇与挑战，为企业和个人提供战略指导。

此次发布会不仅是新书的发布，更是一次行业交流与合作的机会。我们期待与您共同探讨AI技术的未来发展方向，并探索潜在的合作机会，携手推动行业进步。

如您确认出席，请于[日期]前回复本邮件，或联系[联系人姓名，电话/邮箱]。我们将为您预留席位，并发送详细参会指南。

感谢您的关注与支持，期待与您在发布会上相见！

[您的姓名]

[您的职位]

[公司名称]

[公司官网]

[联系方式]

[发件日期]

附注：如果您对发布会内容或合作机会有任何疑问，欢迎随时与我们联系。

3.4.3 隐私和安全设置

在数字化时代，隐私和安全是我们使用工具时极为关注的问题，DeepSeek在这方面提供了全面的保障。数据加密是其保障隐私的重要手段之一，它采用先进的加密算法，对我们输入的问题、获得的回答及相关数据进行加密处理，就像给信息穿上了一层坚固的铠甲，即使在传输和存储过程中被第三方获取，也难以破解其中的内容。

在会话管理方面，我们可以根据自己的需求自行清除，确保信息不会在设备或服务器上留下痕迹（如图3-4所示）。若我们担心自己的隐私数据被滥用，可以随时查看隐私政策，了解DeepSeek对数据的收集、使用和保护方式。通过这些隐私和安全设置，我们可以放心地使用DeepSeek，无须担忧个人信息泄露等问题，让我们在享受其强大功能的同时，也能拥有安心、可靠的使用体验。

图3-4

第4章 CHAPTER 04

DeepSeek助力学习与写作

DeepSeek是一款功能强大的多模态AI工具，背后有着复杂而先进的算法，经过海量数据的“学习”，知识储备极为丰富，能轻松应对多种复杂问题。只要给它一些简单的描述，它就能快速理解你的需求，生成高质量的内容。下面，让我们结合案例一起看看如何使用DeepSeek来辅助学习。

4.1 学习小助手

在学习方面，DeepSeek就像一个超级大脑，融合了文本生成、图像创作、智能问答、数据分析等多种能力，如同学习小助手一般，可以帮助用户轻松掌握新知识。下面介绍几个具体案例。

4.1.1 解答学科问题

在学习的漫漫长路上，我们总会被各种学科问题拦住脚步，而DeepSeek就像一位随叫随到的超级学霸，随时准备为我们答疑解惑。不管是数学里让人头疼的函数难题，还是物理学中抽象的电磁学概念，抑或是编程时遇到的代码错误，它都能轻松应对。

比如，当你被一道复杂的数学题难住时，向DeepSeek求助，它不仅会给出正确答案，还会一步一步详细地讲解解题思路，从公式的运用到每一步的推导，就像老师在身边耐心辅导一样。

Q 一个等差数列共n项，其和为90，这个数列前十项的和为25，后十项的和为75，则项数n为（ ）。

A.14　　B.16　　C.18　　D.20

A 题目回顾

题目给出一个等差数列，共有n项，其总和为90。这个数列前十项的和为25，后十项的和为75。要求我们求出项数n，并选择正确的选项：A.14 B.16 C.18 D.20。

1. 理解题意

我需要理解题目中给出的信息：

❶ 这是一个等差数列，即每一项与前一项的差是相同的，这个差值称公差，记作d。

❷ 数列共有n项，总和为90。

❸ 前十项的和为25。

❹ 后十项的和为75。

我们的目标是找到n的值，并在给定的选项中选择正确答案。

为了方便计算，设定以下变量：首项为a_1，公差为d，项数为n。

2. 等差数列的求和公式

等差数列前n项的和S_n可以用公式表示为

$$S_n=\frac{n}{2}\times[2a_1+(n-1)d]$$

根据题目可知，总和为90，所以方程1：

$$\frac{n}{2}\times[2a_1+(n-1)d]=90$$

3. 前十项的和

前十项的和S_{10}为25，所以

$$S_{10}=\frac{10}{2}\times[2a_1+(10-1)d]=25$$

简化得方程2：

$$2a_1+9d=5$$

4. 后十项的和

后十项的和为75。需要注意的是，后十项是从第$(n-9)$项到第n项。

后十项的和可以表示为

$$S_{后十项}=\frac{10}{2}\times(2a_{n-9}+9d)=75$$

其中，a_{n-9}是第（$n-9$）项，可以表示为

$$a_{n-9}=a_1+(n-10)d$$

简化得方程3：

$$5\times\{2\times[a_1+(n-10)d]+9d\}=75$$

$$2a_1+(2n-20+9)d=15$$

$$2a_1+(2n-11)d=15$$

5. 解方程组

现在，我们有两个方程：

$$2a_1+9d=5\ （方程2）$$

$$2a_1+(2n-11)d=15\ （方程3）$$

我们可以通过消元法来解这个方程组，得到

$$d=\frac{5}{n-10}$$

接下来，将d的表达式代入方程2：

$$2a_1+9\times\frac{5}{n-10}=5$$

$$a_1=\frac{5}{2}-\frac{45}{2\ (n-10)}$$

6. 代入总和公式

现在，我们将a_1和d的表达式代入总和公式（方程1）：

$$\frac{n}{2}\times\{2\times[\frac{5}{2}-\frac{45}{2(n-10)}]+(n-1)\times\frac{5}{n-10}\}=90$$

简化括号内的表达式：

$$2\times\frac{5}{2}-2\times\frac{45}{2(n-10)}+(n-1)\times\frac{5}{n-10}$$

$$=5-\frac{45}{n-10}+\frac{5(n-1)}{n-10}$$

$$=5+\frac{5(n-10)}{n-10}$$

$$=10$$

所以，总和公式变为

$$\frac{n}{2}\times10=90$$

$$5n=90$$

$$n=18$$

7. 验证答案

根据计算，n=18。

显然，正确答案是C。

4.1.2 提供学习资料

在学习时，我们想要找到一份真正有用、贴合自己学习进度的资料，往往要花费大量的时间和精力，还不一定能找到满意的。DeepSeek则能轻松解决这个问题。它拥有强大的信息整合能力，能在短时间内提供丰富且优质的学习资料。这些资料的来源广泛，涵盖了学术数据库、知名教育网站等，以保证多样性和准确性，同时也提供了一些学习建议。

我正在准备初级会计师考试，有哪些备考资料可以推荐给我？

在初级会计师考试备考阶段，选择合适的资料非常重要。以下是一些推荐的备考资料。

1. 官方教材

《初级会计实务》：涵盖会计基础、资产、负债、所有者权益、收入、费用和利润等内容。

《经济法基础》：包括经济法、税法、劳动合同法等相关法律知识。

2. 辅导书

“东奥轻松过关”系列图书：内容详细，习题丰富，适合系统复习。

“中华会计网校梦想成真”系列图书：知识点讲解清晰，习题难度适中，适合巩固基础。

3. 在线课程

中华会计网校：提供系统课程，适合不同基础的考生。

东奥会计在线：名师讲解，课程内容全面。

高顿教育：课程设计科学，适合时间紧张的考生。

4. 题库和模拟试卷

历年真题：了解考试题型和难度。

模拟试卷：帮助熟悉考试节奏，检验复习效果。

5. 移动学习工具

会计帮：提供题库和知识点讲解，适合碎片化学习。

会计学堂：视频课程和在线答疑，方便随时学习。

6. 学习计划

制订复习计划：根据个人时间安排，合理分配《初级会计实务》和《经济法基础》的复习时间。

定期自测：通过做题和模拟考试，及时调整复习策略。

7. 其他资源

会计论坛和社群：如会计视野、知乎等，与其他考生交流经验。

微信公众号：关注会计类公众号，获取最新资讯和学习资料。

8. 考试大纲

最新考试大纲：确保复习内容与考试要求一致。

9. 笔记和总结

整理笔记：帮助记忆和理解知识点。

制作思维导图：梳理知识结构，便于复习。

10. 时间管理

合理分配时间：确保两科目复习时间均衡。

定期复习：避免遗忘，巩固知识。

希望这些资料和建议能帮助你顺利通过初级会计师考试！

4.1.3 进行知识拓展

学习不应该局限于课本上的知识，知识拓展能让我们的视野更加开阔，思维更加活跃，对我们的全面发展有着深远的意义。它就像给我们的知识大厦添砖加瓦，让我们的知识体系更加完善。

DeepSeek的知识拓展能力，能让学习变得更加有趣和深入。对于语文老师来说，在讲解古诗词时，它可以提供诗词背后的历史故事、诗人的生平轶事，以及同时代其他诗人的作品对比，丰富课堂内容，让学生更好地理解诗词的内涵。

Q 请讲解李白的《将进酒》。

A 李白的《将进酒》是盛唐诗歌的巅峰之作，也是中国文学史上最富生命力的饮酒诗。这首狂歌以黄河奔涌之势开篇，以万古愁绪收尾，在豪放与悲怆的张力中展现了李白独特的生命哲学。以下从四个维度展开深度解析。

一、时空交响中的生命叩问

开篇两组“君不见”构成震撼的时空蒙太奇：“黄河之水天上来”的垂直空间与“高堂明镜悲白发”的线性时间形成立体坐标。李白用液态意象（黄河水等）解构固态的时间概念，将物理时间转化为诗性时间——奔流到海的黄河水不再是自然现象，而是生命不可逆性的隐喻。这种时空意识的觉醒，实则是魏晋以来生命意识的高度诗化呈现。

二、酒神精神的盛唐变奏

诗中“人生得意须尽欢”并非浅薄的享乐主义，而是尼采式酒神精神的东方式表达。李白解构了传统“三不朽”的价值序列，建立以“酒”为枢轴的新价值体系：圣贤寂寞与饮者留名的倒置，陈王宴乐的典故挪用，本质上是对功业价值的祛魅。金樽对月的超现实场景，将饮酒仪式升华为天人对话，与屈原《天问》相对比，李白给出了截然不同的答案——不在求索而在沉醉。

三、狂欢叙事下的悲剧内核

全诗表层是狂欢的嘉年华：千金散尽的豪奢，五花马的毁弃，呼儿换酒的任性，构成消费主义的盛大景观。但深层结构中，“万古愁”如同低音部持续轰鸣。这种愁绪并非具体的人生困顿，而是源于存在本身的荒诞性认知。诗中“天生我材必有用”的自信宣言与“古来圣贤皆寂寞”的历史洞察形成悖论，折射出盛唐文人集体潜意识中建功立业的冲动与生命虚无感的深刻矛盾。

四、语言突破与诗学革命性探索

李白在此诗中实践了前所未有的语言实验：散文句法（“岑夫子，丹丘生，将进酒，杯莫停”）侵入诗歌肌理，人称频繁转换，制造戏剧性对话，三字句与十字句的节奏碰撞，产生醉语般的韵律。宋代严羽“一往豪情，使人不能句字赏摘”的评语，恰说明其不可解析的浑然天成之美。

结语：当我们重读“与尔同销万古愁”会发现，李白提供的并非解药而是镜像。这种愁绪超越时代，成为人类存在的永恒命题，而诗中展现的生命激扬与虚无抗争的张力，恰恰构成了中国文化中最动人的精神景观。在功业焦虑弥漫的当代，李白式的狂欢或许正是一剂唤醒生命本真的良药。

4.1.4 制订学习计划

制订一个合理的学习计划，对提高学习效率至关重要。但很多人在制订学习计划时，往往会遇到各种难题。比如，不知道如何根据自己的实际情况合理安排学习时间和任务，计划总是过于理想化，导致难以执行；又或者在执行过程中，遇到突发情况，计划就被打乱，不知道如何调整。每个人的学习情况和目标都不一样，DeepSeek能根据这些差异，为我们量身制订个性化的学习计划。

请为零基础学生制订关于通过国家计算机二级考试的速成学习计划。

为零基础学生通过国家计算机二级考试（如MS Office高级应用）制订一个8周速成学习计划。以下是详细的学习安排。

1. 基础知识学习（第1—2周）

目标：掌握计算机基础知识和MS Office基本操作。

❶ 计算机基础知识。

学习内容：计算机组成、操作系统基础、网络基础。

推荐资料：《计算机基础教程》、在线课程（如慕课网、网易云课堂等）。

每日任务：学习1~2小时，完成相关练习题。

❷ MS Office基础操作。

学习内容：Word、Excel、PowerPoint的基本操作。

推荐资料：《MS Office实用教程》、视频教程（如B站等）。

每日任务：学习1~2小时，动手操作练习。

2. 专项技能提升（第3—6周）

目标：深入学习MS Office高级应用，掌握考试重点。

❶ Word高级应用。

学习内容：文档排版、样式设置、目录生成、邮件合并。

推荐资料：《Word办公软件高级应用教程》、在线课程。

每日任务：学习1小时，完成相关练习题和实操。

❷ Excel高级应用。

学习内容：公式与函数、数据透视表、图表制作、数据分析。

推荐资料：《Excel高级应用案例教程》、在线课程。

每日任务：学习1小时，完成相关练习题和实操。

❸ PowerPoint高级应用。

学习内容：幻灯片设计、动画效果、母版设置、演示技巧。

推荐资料：《PowerPoint高级应用案例教程》、在线课程。

每日任务：学习1小时，完成相关练习题和实操。

3. 模拟冲刺（第7—8周）

目标：全真模拟，查漏补缺，提升应试能力。

❶ 全真模拟。

每周任务：完成2~3套二级考试真题模拟。

推荐资料：历年真题、模拟题库。

方法：严格按照考试时间，模拟真实考试环境；考后认真分析错题，总结经验。

❷ 错题整理。

每日任务：整理并复习错题。

方法：将错题分类整理，重点复习薄弱环节。

❸ 重点复习。

每日任务：复习Word、Excel、PowerPoint的重点和难点。

方法：通过视频教程、书籍和在线资源，强化理解和记忆。

4. 每日学习时间安排（建议）

早晨（1小时）：计算机基础知识学习。

上午（2小时）：MS Office专项学习（Word、Excel、PowerPoint轮流进行）。

下午（2小时）：实操练习，完成相关练习题。

晚上（1小时）：错题整理、复习巩固。

5. 注意事项

❶ 坚持每日学习：保持学习的连贯性，避免三天打鱼两天晒网。

❷ 动手操作：MS Office的学习重在实操，务必多动手练习。

❸ 定期自测：每周进行一次自测，检验学习效果。

④ 调整心态：保持积极心态，适当放松，避免过度紧张。

希望这份学习计划能帮助你顺利通过国家计算机二级考试！祝你备考顺利，取得好成绩！

4.1.5 图书和论文的要点提炼

在面对大量的图书和论文时，提炼要点是个让人头疼的事，但DeepSeek能轻松搞定。它能快速扫描整本书或整篇论文，准确提取核心观点、重要论据和研究结论。和一些传统的摘要工具相比，DeepSeek的优势更明显。它不仅能提取文字表面的信息，还能理解文章的深层逻辑，用简洁明了的语言呈现要点。

“何以为家”：流动性社会下青年数字游民的地方感研究——徐琳岚.pdf

1. 核心观点

① 流动性社会的到来：青年数字游民作为一种新兴的生活方式，依托数字基础设施和信息技术，保持移动生活方式和迁移模式。

② 地方感的转变：青年数字游民在流动过程中，地方感从传统的“属地认同”向“属人认同”转变，形成“流动地方感”。

③ 身份的动态切换：青年数字游民在“地域人”和“区域人”之间进行动态切换，身份认同机制发生变化。

2. 重要论据

① 青年数字游民的定义与特征：青年数字游民通过数字技术摆脱固定地点的工作模式，追求自由、冒险精神和美好生活，具有独立移动性、数字化程度高等特征。

② 地方感的理论背景：人文主义地理学强调“地方感”是地方特质与人对地方的依附，而现代社会的“无地方”现象削弱了地方的真实性和丰富性。

③ 研究方法：采用网络民族志和深度访谈，研究青年数字游民的地方感特征和身份认同变化。

④ 现代都市空间的遮蔽：现代城市生活高度组织化，个体在竞争和消费主义驱动

下感到倦怠，陷入认同困境，数字游民通过技术中介从传统工作模式中脱离，追求自主生活空间。

❺ 时间自主性的回归：社会加速发展导致个体时间体验感匮乏，数字游民通过游牧生活追求自主时间，反叛社会时间的强制性和纪律性。

3. 研究结论

❶ 青年数字游民的主体性觉醒：在高度组织化、竞争化的环境中，青年数字游民通过游牧生活追求自我价值的回归。

❷ 身份认同的转变：青年数字游民在“地域人”和“区域人”之间进行动态切换，身份认同从“属地认同”向“属人认同”转变。

❸ 流动地方感的形成：多样地方感杂糅形成的“流动地方感”构成数字游民地方感的主体特征，个体在流动中不断建构自身熟悉的生活环境。

❹ 情感交织与归属感：青年数字游民在流动中既渴望归属感，又对任何地方保持疏离感，多种情绪交织成为其主要的心理表征。

4. 讨论与展望

❶ 理论探讨：需进一步研究“属人认同”下个体如何构筑共同体意识，数字游牧对未流动他者的影响，以及数字游民对流入地地方性质和文化的改变。

❷ 实践建议：社会应给予个体更多选择自由，优化政策和配套服务，支持多样化生活方式的存在。

总结：本研究通过分析青年数字游民的地方感转变机制，揭示了流动性社会下个体身份认同和地方感的变化，为理解现代社会的新兴生活方式提供了新的视角。

如果用户想对该文章有更深入的了解，也可以继续向DeepSeek提问，如下所示。

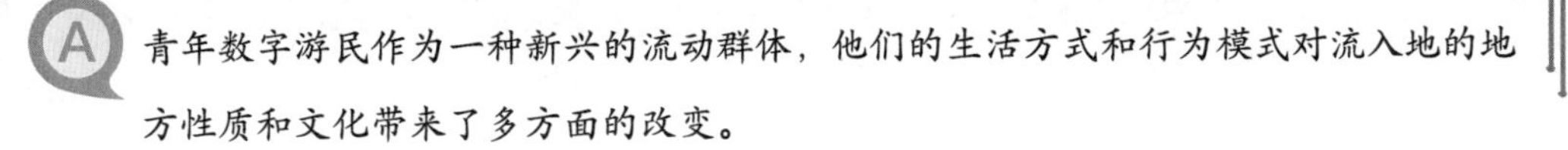

Q 青年数字游民给流入地的地方性质和文化带来什么改变？

A 青年数字游民作为一种新兴的流动群体，他们的生活方式和行为模式对流入地的地方性质和文化带来了多方面的改变。

1. 地方性质的改变

❶ 空间的重构：青年数字游民的流入促使流入地重新规划和利用空间，出现了更多的共享办公空间、咖啡馆、联合居住空间等，以满足青年数字游民的工作和生活需求。

❷ 基础设施的升级：为了吸引和留住青年数字游民，流入地可能会升级网络基础设施，改善公共服务设施，如打造高速互联网、便捷的交通和舒适的居住环境。

❸ 经济结构的调整：青年数字游民的消费模式和需求可能带动当地经济结构的调整，促进服务业、旅游业和创意产业的发展。

2. 文化的变化

❶ 文化多样性增加：青年数字游民来自不同的文化背景，他们的流入带来了多元文化的交流和融合，丰富了当地的文化景观。

❷ 本地文化的冲击：青年数字游民的生活方式和文化习惯可能与当地传统文化产生冲突，导致本地文化的某些方面被改变。

❸ 全球化的影响：青年数字游民的生活方式具有全球化的特征，他们的流入加速了流入地的全球化进程，使得当地文化更加开放和多元化。

3. 社会关系的变化

❶ 社会网络的扩展：青年数字游民的流入扩展了当地的社会网络，促进了本地居民与外来者之间的互动和交流。

❷ 社区认同的挑战：青年数字游民的流动性强，可能对流入地的社区认同感产生影响，使得社区凝聚力面临挑战。

4. 环境的影响

❶ 环境压力增加：青年数字游民的流入可能增加当地的环境压力，如垃圾处理、水资源消耗和能源使用等方面的负担。

❷ 可持续发展需求：为了应对环境压力，流入地可能需要采取更多的可持续发展措施，如推广绿色建筑、节能减排和其他环保政策。

5. 政策和管理的变化

❶ 政策调整：为了吸引和留住青年数字游民，流入地政府可能需要调整相关政策，如签证政策、税收优惠和居住许可等。

❷ 管理挑战：青年数字游民的流动性强，给当地的管理带来了挑战，如如何有效管理短期居住者、如何平衡本地居民和外来者的利益等。

总结：青年数字游民的流入对流入地的地方性质和文化带来了多方面的改变，既有积极的影响，如经济活力的提升和文化多样性的增加，也有挑战，如对本地文化的冲击和环境压力的增加。流入地需要在吸引青年数字游民的同时，平衡好本地居民和外来者的利益，促进可持续发展。

4.1.6 知识预习

预习是学习过程中的重要环节，它就像一场学习之旅的前期探索，能够帮助我们提前了解学习内容，为课堂学习做好准备。DeepSeek能够为我们提供丰富而全面的预习资料，让我们在预习过程中更加高效、深入地了解新知识。

当我们即将学习新的章节时，DeepSeek可以迅速列出该章节的知识点大纲，将复杂的知识体系以清晰的框架呈现出来。

Q 请列出《传播学教程》（第2版）中“第三节 精神交往理论与马克思主义传播观”的预习知识点。

A 以下是《传播学教程》（第2版）“第三节 精神交往理论与马克思主义传播观”的主要预习知识点。

1. 精神交往理论的核心概念

❶ 精神交往的定义与特征。

❷ 物质交往与精神交往的关系。

❸ 精神生产与精神交往的辩证关系。

2. 马克思主义传播观的基本观点

❶ 传播活动的社会性。

❷ 传播与意识形态的关系。

❸ 传播工具的社会功能。

3. 精神交往理论的主要内容

❶ 交往方式的历史演变。

② 精神交往的社会制约性。

③ 精神交往的能动性。

……

预习建议：

① 重点理解精神交往与物质交往的关系。

② 思考马克思主义传播观对当代传播研究的指导意义。

③ 结合当前传播现象，分析精神交往理论的应用价值。

④ 准备在课堂上讨论马克思主义传播观的当代发展。

4.1.7 复习内容生成

复习是对所学知识的回顾和巩固，能够帮助我们加深对知识的理解和记忆，提高知识的运用能力。DeepSeek可以根据我们的学习进度和需求，生成个性化的复习内容，帮助我们更好地进行复习。

在复习阶段，DeepSeek会对所学的重点知识进行全面总结，以简洁的语言和清晰的结构呈现出来，方便我们快速回顾。它还会整理出易错点，提醒我们在复习过程中特别注意，避免在考试中犯同样的错误。为了让我们更好地检验复习效果，DeepSeek会提供模拟试题。这些试题的题型和难度与实际考试相近，能够帮助我们熟悉考试形式，提高应试能力。

请列出《传播学教程》（第2版）的复习重点。

《传播学教程》（第2版）是传播学领域的经典教材，以下列出其核心复习重点，按章节和主题分类整理，适合考试或系统复习使用。

第一章 传播学的研究对象与基本问题

① 传播的定义与特点：传播是社会信息的传递或社会信息系统的运行（共享性、社会性、互动性）。

② 传播学的研究对象：人类传播现象、传播系统及其规律。

③ 社会信息系统的特点与运行：双重偶然性、系统性、动态性。

第二章 人类传播的历史与发展

1. 人类传播的发展阶段：口语传播→文字传播→印刷传播→电子传播→网络传播（各阶段特点及影响）。
2. 信息社会的特征：信息成为核心资源，媒介技术对社会结构的重塑。

第三章 人类传播的符号与意义

1. 米德的“主我与客我”理论、布鲁默的“自我互动”理论。
2. 人际传播：特点（直接性、反馈及时）、社会功能（情感联结、社会化）。
3. 群体传播与组织传播：群体压力（如阿什从众实验）、沉默的螺旋（诺依曼）、组织传播的正式与非正式渠道。
4. 大众传播：定义、特点（专业化、广泛受众）、拉斯韦尔的“三功能说”（环境监视、社会协调、文化传承）。

……

重点理论与人物总结：

1. 5W模式（拉斯韦尔）
2. 二级传播理论（拉扎斯菲尔德）
3. 把关人理论（卢因）
4. 使用与满足理论（卡茨）
5. 知沟理论（蒂奇纳）
6. 符号互动论（米德、布鲁默）
7. 媒介环境学派（麦克卢汉、波兹曼）

复习建议：

1. 理论联系实际：结合新媒体环境分析传统理论（如议程设置在社交媒体的变化）。
2. 对比记忆：区分相似理论（如“沉默的螺旋”与“群体压力”）。
3. 关注课后习题：教材每章后的思考题常为考点。
4. 结合案例：用热点事件解释理论（如假新闻与“第三人效果”）。

建议结合教材目录和课堂笔记查漏补缺，重点掌握理论的核心观点、提出者及现实应用。

4.2 语言学习和写作

在当今数字化时代，学习和写作的方式正经历着前所未有的变革。DeepSeek以其强大的功能，为我们练习语言和写作提供了全方位的支持。接下来，让我们结合案例深入了解它在语法检查与修改、语言翻译及作文生成方面的表现。

4.2.1 语法检查和修改

在我们日常写作过程中，无论是撰写学术论文、商务邮件，还是创作散文，都可能出现语法错误，影响表达效果。即使是经验丰富的写作者，也在所难免。而语法的精准性对于清晰传达思想至关重要，一个小小的语法错误，很可能导致整个句子意思出现偏差。

在实际应用中，语法检查和修改需要用到自然语言处理技术和算法模型，如词性标注、语法分析、机器学习等。DeepSeek通过对文本的分词、词性标注和语法分析，可以发现文本中的错误和表述不恰当之处，并给出相应的修改建议。同时，通过机器学习算法模型，可以对文本的文采、表达方式等方面进行评估和改进，从而帮助用户提高自己的写作水平和语言表达能力。

如果是英文写作，DeepSeek同样能迅速判断出是否为病句，并给出优化建议。

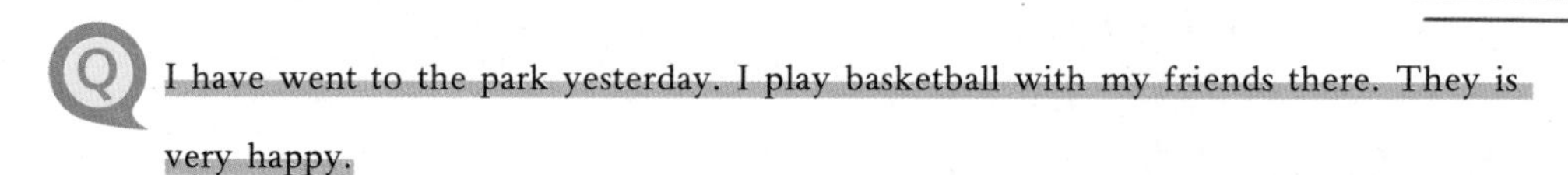

I have went to the park yesterday. I play basketball with my friends there. They is very happy.

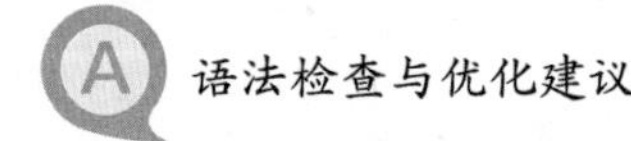

语法检查与优化建议

1. 问题与优化建议

❶ 时态错误

原文：“I have went to the park yesterday.”

问题：现在完成时（have went）与过去时间状语（yesterday）冲突。现在完成时不能与明确表示过去的时间状语连用。

建议：改为一般过去时“I went to the park yesterday.”

❷ 时态不一致

原文：“I play basketball with my friends there.”

问题：上下文描述的是过去发生的事情，但“play”是一般现在时，与整体时态不符。

建议：改为一般过去时“I played basketball with my friends there.”

③ 主谓一致错误

原文：“They is very happy.”

问题：主语“They”是复数，谓语动词“is”是单数形式，主谓不一致。

建议：改为复数形式“They were very happy.”（因为上下文描述的是过去的事情，所以用过去时“were”）。

2. 优化后的句子

“I went to the park yesterday. I played basketball with my friends there. They were very happy.”

在使用DeepSeek进行语法检查时，掌握一些提问小技巧可以让DeepSeek回答时效率更高，效果更好。

首先，在提问时要尽量表述清晰准确。例如，不要只说“帮我检查语法错误”，这样太笼统，DeepSeek可能不太清楚你的具体需求。你可以说“请帮我检查这段英语作文中的语法错误，并详细解释产生错误的原因”，或者“我觉得这句话的语法可能有问题，请帮我分析一下”，这样DeepSeek就能更精准地为你解答。

其次，对于一些比较复杂的句子或者自己拿不准的语法，可以多问几个问题。例如，可以问“有没有更地道的表达方式”“这样的结构在其他语境中还可以怎么用”。通过这样的方式，用户可以更深入地学习语法知识，提升自己的语言能力。

4.2.2 语言翻译

在全球化的今天，跨文化交流变得越来越重要，而语言是跨文化交流的第一个难关。无论是阅读国外前沿的学术成果，还是与外国友人进行日常交流，准确的语言翻译都是必不可少的。我们可能常常因为语言不通，无法理解外文资料中的关键信息。

DeepSeek的语言翻译功能就像一位可随身携带的翻译官，能支持多种语言之间的互译。从日常对话中简单的问候语，到专业文献里复杂的术语，它都能精准翻译，让你轻松理解文献内容，打破语言障碍，拓宽知识面。

Q 请判断以下英文是否翻译正确，给出修改意见，并解释原因。

no fear in my hreat：我的心没有恐惧

A 判断：存在拼写错误且翻译不完全正确。

修改意见：将“hreat”改为“heart”将“我的心没有恐惧”改为“我的心中没有恐惧”或“我的心里没有恐惧”。

解释：

❶ “no fear in my hreat” 中的“hreat”是拼写错误，正确的拼写应该是“heart”，即“心”或“心脏”。

❷ “no fear in my heart” 翻译为“我的心中没有恐惧”或“我的心里没有恐惧”，更符合英语的表达习惯。

❸ “我的心没有恐惧” 虽然意思接近，但在中文表达中，“心中”或“心里”更自然，也更符合原句的结构。因此，修改后的翻译更准确，也更符合英文的表达习惯。

与其他翻译工具相比，DeepSeek在准确性和专业性方面有着明显的优势。在翻译一些复杂的句子和专业术语时，其他工具可能会出现翻译不准确、生硬或不符合语境的情况，而DeepSeek能够给出更准确、更符合目标语言表达习惯的翻译。

Q 请翻译以下英文诗

“When You Are Old

When you are old and grey and full of sleep,

And nodding by the fire, take down this book,

And slowly read, and think of the soft look

Your eyes had once, and of their shadows deep;

How many loved your moments of glad grace,

And loved your beauty with love false or true,

But one man loved the pilgrim Soul in you,

And loved the sorrows of your changing face;

And bending down beside the glowing bars,

Murmur a little sadly, how Love fled

And paced upon the mountains overhead

And hid his face amid a crowd of stars."

当你老了

当你老了，鬓斑，睡意沉沉，

在炉旁打盹时，取下这本书，

慢慢读，回想你过去柔和的眼神，

以及它们昔日深邃的阴影；

多少人曾爱你欢快优雅的时光，

爱慕你的美丽，无论真心或假意，

但唯有一人爱你那朝圣者的灵魂，

爱你衰老的脸上痛苦的皱纹；

俯身在炽热的炉子旁，

略带忧伤地低语，爱如何消逝，

如何步上头顶的群山，

如何将他的脸庞隐没在繁星之间。

图4-1所示为大众认可度较高的这段英文诗的译文，将DeepSeek翻译出来的译文与之进行对比，我们能更直观地感受到DeepSeek语言理解与分析功能的强大，在翻译文学作品时，它也能精准还原原文的风格和意境，让读者能够领略到原汁原味的文学魅力。

一、当你年老时　　傅浩译

当你年老，鬓斑，睡意昏沉，

在炉旁打盹时，取下这本书，

慢慢诵读，梦忆从前你双眸

神色柔和，眼波中倒影深深；

多少人爱你风韵妩媚的时光，

爱你的美丽出自假意或真情，

但唯有一人爱你灵魂的至诚，

爱你渐衰的脸上愁苦的风霜；

弯下身子，在炽红的壁炉边，

忧伤地低诉，爱神如何逃走，

在头顶上的群山巅漫步闲游，

把他的面孔隐没在繁星中间。

二、当你老了　　袁可嘉译

当你老了，头白了，睡意昏沉，

炉火旁打盹，请取下这部诗歌，

慢慢读，回想你过去眼神的柔和，

回想它们昔日浓重的阴影；

多少人爱你青春欢畅的时辰，

爱慕你的美丽，假意或真心，

只有一个人爱你那朝圣者的灵魂，

爱你衰老了的脸上痛苦的皱纹；

垂下头来，在红光闪耀的炉子旁，

凄然地轻轻诉说那爱情的消逝，

在头顶的山上它缓缓踱着步子，

在一群星星中间隐藏着脸庞。

图 4-1

4.2.3 生成优秀作文示例

在进行写作时，我们常常会陷入思路枯竭的困境，完全不知从何处下笔，总是觉得自己文章内容干瘪，完全没有那种生动形象的感觉。尤其是写议论文时，更是找不到有力的论据来支撑自己的观点，文章逻辑松散，缺乏说服力。DeepSeek这时就能成为我们的写作小助手，它可以根据不同的作文题目和体裁，生成高质量的作文示例。

DeepSeek生成作文的原理基于深度学习算法，它通过对海量的文本数据进行学习和分析，进而掌握各种语言表达、文章结构和主题内容。它所能生成的作文类型丰富多样，包括记叙文、议论文、说明文、散文、诗歌等各类文体。在写作风格方面，它可以模仿各种经典的写作风格，如鲁迅的犀利深刻、朱自清的清新自然、莫言的朴实豪放等，还能根据不同的场景和需求，生成幽默风趣、严谨正式、抒情浪漫等不同风格的作文。

请结合“燃灯校长”张桂梅写一篇主题为“坚守”的议论文，要求观点明确、论据充分、语言精练、论证合理、有严密的逻辑性。

以生命为灯，照亮坚守之路

在滇西北的群山深处，有一盏永不熄灭的灯。张桂梅校长以孱弱之躯，在贫困山区坚守数十载，用生命为两千多名女孩点亮了希望的灯火。这盏灯，不仅照亮了山区女孩的求学之路，更照亮了中华民族精神传承的脉络。坚守，从来不是简单的固守，而是一种以生命为火种的精神传承。

张桂梅校长的坚守，是对教育初心的执着。她身患二十多种疾病，却依然每天清晨五点起床，深夜十二点入睡，用沙哑的嗓音唤醒每一个黎明。这种坚守，让人想起孔子“发愤忘食，乐以忘忧”的执着，想起陶行知“捧着一颗心来，不带半根草去”的奉献。教育不是简单的知识传授，而是用生命影响生命的崇高事业。张桂梅用她的坚守，诠释了教育工作者最纯粹的精神追求。

张桂梅校长的坚守，是对精神火种的传递。华坪女高的校训“我生来就是高山而非溪流”，正是张桂梅传递给每一个学生的精神信念。她不仅教授知识，更用自己的一生诠释了什么是永不放弃的精神追求。这让人想起范仲淹“先天下之忧而忧，后天下之乐而乐”的家国情怀，想起林则徐“苟利国家生死以，岂因祸福避趋之”的责任担当。张桂梅的坚守，让这种精神在新时代焕发出新的光彩。

张桂梅校长的坚守，是对中华文化的传承。从孔子周游列国传播仁义，到张桂梅扎根山区播撒希望，中华民族的精神火种正是通过一代代人的坚守得以延续。这种坚守不是简单的重复，而是在新时代赋予传统以新的内涵。张桂梅的坚守，让我们看到了传统文化中“仁者爱人”的精神在当代的生动实践，看到了“有教无类”的教育理想在新时代的创新发展。

生命的意义不在于长度，而在于厚度。张桂梅校长用她的坚守，为我们诠释了什么是真正的生命价值。在这个快速变迁的时代，我们更需要这种坚守精神。它不仅是对理想的执着，更是对文明的传承，是对民族精神的守护。让我们以张桂梅校长为镜，在各自的岗位上坚守初心，传递希望，让这盏精神之灯永远照亮我们前行的道路。

虽然DeepSeek能够生成高质量的作文，但我们不能完全依赖它，而应该与它建立一种协同创作的模式。DeepSeek生成的内容可以作为我们的参考依据和灵感来源，帮助我们打开思路，激发创作灵感。在这个过程中，我们也要不断学习和提升自己的写作能力，通过剖析它的写作思路和语言运用，学习如何更好地组织文章结构、运用词汇和修辞手法，从而真正提升自己的写作水平。

4.3 生成创意文案

在这个信息爆炸的时代，创意文案的价值愈发显著。它能够在海量信息中迅速抓住受众的注意力，传递核心信息。DeepSeek作为一款功能强大的工具，在生成创意文案方面展现出了卓越的能力。

4.3.1 广告文案创作

在当今竞争激烈的商业环境中，企业犹如置身于一片喧嚣的市场海洋中，每一款产品都渴望在这片广阔海洋中脱颖而出，吸引消费者的目光。而广告文案，就如同产品的“代言人”，以其独特的语言魅力，向消费者传达产品的价值与魅力。一条优秀的广告文案，不仅能够准确地阐述产品的特点和优势，让产品脱颖而出，更能触动消费者的内心，进而激发他们的购买欲望。

DeepSeek可以针对不同的产品，用生动形象、富有感染力的语言创作出极具吸引力、直击消费者内心的广告文案，助力产品在市场中“出圈”，如下。

Q 请为一款面向年轻女性的美白面膜写一篇小红书推广文案，突出面膜提亮肤色和补水保湿的功效，语言风格要活泼、有趣，带有emoji表情，结尾处引导用户点赞、收藏、评论。

A 💖白到发光！这款面膜让我素颜也“能打”！✨

姐妹们！我真的要吹爆这款美白面膜！

第一次用就被惊艳到了😍

敷完皮肤水嫩到能掐出水💦

肤色直接提亮两个度！

素颜出门都被闺蜜夸皮肤好到爆💧

🌟核心功效：

☑ 深层补水 锁水保湿

☑ 提亮肤色 改善暗沉

☑ 温和不刺激 敏感肌也能用

💞使用感受：

面膜纸超级服帖

精华液多到可以涂全身

敷完皮肤水润有光泽

第二天上妆超级服帖！

🎀小提示：

建议每周使用2~3次

敷完记得按摩促进吸收

效果真的超绝！

姐妹们冲就完了！

趁着“双十一”赶紧囤货！

我已经回购第三盒啦🥰

#美白面膜 #护肤必备 #平价好物 #变美计划 #双十一必买

快来评论区告诉我你的使用感受吧～

记得点赞、收藏哦！爱你们😘

使用DeepSeek创作广告文案并非难事，过程并不复杂。首先用户要明确自己的需求，如创作目的是为新品上市写推广文案，还是为促销活动写宣传文案，其次明确目标受众，如年龄范围、消费偏好等。最后，在输入指令时，语言要尽量简洁、精准，充分提炼出产品的核心关键词，如产品名称、独特卖点、目标受众特点等。

4.3.2 社交媒体内容生成

在社交媒体时代，各类社交平台如雨后春笋般不断涌现，各平台上每天都有海量的内容被发布，导致用户每天被海量的信息包围着。处于这种环境中的用户对内容质量的要求越来越高。

无论是品牌方想要扩大影响力，还是个人希望展示自我，都需要精准地把握平台特点和用户喜好。而不同社交媒体平台的用户喜好和内容风格差异巨大。例如，在小红书上，用户喜欢简洁明了、带有emoji表情的内容，尤其是分享实用干货的种草笔记；而微博则以其强大的时效性和话题性著称，一条内容想要脱颖而出，就需要在短时间内抓住用户的注意力，引发他们的讨论和转发。

如何精准把握这些平台的特点和用户喜好，进而创作出具有吸引力的内容，已成了让众多内容创作者和品牌方头疼的问题。而DeepSeek能根据不同的社交媒体平台特点和用户喜好，生成有趣、有话题性的内容。

在微博上，DeepSeek可以生成极具话题性的内容。

基于“电影《哪吒之魔童闹海》票房突破90亿”这一热点创作一篇微博。

核心要求：

1. 陈述事实（50字）：客观描述核心事件；
2. 专业解读（300字）：结合传播学视角分析；
3. 延展思考（50字）：提供独特观点。

差异化要求：

1. 避开热门观点角度，结合领域专业知识；
2. 预设1~2个讨论问题。

【#哪吒2票房破90亿#】截至2025年2月12日0点，《哪吒之魔童降世》续作《哪吒之魔童闹海》票房突破90亿大关，刷新国产动画电影票房纪录。影片延续前作精良

制作，融入更多传统文化元素，引发全民观影热潮。

从传播学视角看，《哪吒之魔童闹海》的成功印证了“文化IP+工业化制作”的传播范式。影片通过精准的受众定位，将传统文化符号进行现代化重构，借助社交媒体形成话题裂变。同时，片方采用“饥饿营销”策略，通过长达5年的制作周期积累受众期待，最终实现票房与口碑的双丰收。影片的成功也体现了“情感共鸣”在传播中的重要性，通过塑造具有现代价值观的哪吒形象，引发观众的情感认同。此外，影片的跨媒介叙事策略，包括与游戏、周边产品的联动，构建了一个完整的IP生态系统，增强了用户黏性。

值得思考的是，在追求商业成功的同时，国产动画电影如何平衡艺术性与商业性？过度依赖IP开发是否会限制原创动画的发展空间？

#电影产业观察# #国产动画崛起#

你认为国产动画电影未来的发展方向是什么？IP开发与原创作品该如何取舍？

在朋友圈，DeepSeek能生成温馨、有趣的日常分享文案。

Q 请生成一条适合发送在朋友圈的文案，内容关于“今天去了一家超棒的咖啡店”，要求语言温馨、有趣。

A ☕今天打卡了一家神仙咖啡店！藏在巷子里的宝藏小店，推门就是浓郁的咖啡香～

点了一杯招牌拿铁，拉花超精致，舍不得喝！

环境也超治愈，阳光洒进来，整个人都放松了✨

重点是老板超好，还送了一块手工制作的蛋糕，幸福感爆棚！

姐妹们，速来偶遇！📍

使用DeepSeek生成社交媒体内容时，有一些实用提问技巧可以帮助你更好地利用DeepSeek的优势。

首先，要多尝试不同的关键词组合。例如，若想生成一篇关于健身的小红书笔记，不要只输入“健身”，可以尝试输入“健身新手入门”“健身减脂餐”“健身打卡日常”等更具体的关键词，这样DeepSeek生成的内容会更有针对性。

其次，要结合自己的创意。尽管DeepSeek的功能强大，但它生成的内容只是一个基础框架，还需要你根据自己的想法和实际情况来进行优化和调整。例如，在DeepSeek生成的小红书笔记中提到了一款健身产品时，你可以结合自己的使用体验，补充更详细的使用感受和身体变化，以让内容更真实可信、更有说服力。

最后，要根据平台调性选择合适的语言风格。如果是在抖音上发布，语言可以更加口语化、幽默风趣，并适当使用一些网络热点；而如果是在小红书上发布，语言则要更加真实亲切、自然有趣，洋溢青春活力。

只有合理运用这些技巧，才能更高效地借助DeepSeek的力量，让自己在社交媒体平台上收获更多关注和认可。

4.3.3 小说故事创作

小说，作为一种有独特魅力的文学体裁，以其丰富的想象力和深刻的内涵，为读者打开了一扇扇通往不同世界的大门。一部优秀的小说，能让读者沉浸其中，感受故事中人物的喜、怒、哀、乐，体验不同的人生与情感。而创作一部优秀的小说，需要作者具备丰富的想象力、扎实的文字功底及巧妙的情节构思能力。

DeepSeek在小说故事创作领域的能力十分出色，它能创作出各种类型的精彩故事。无论是扣人心弦的悬疑小说，还是浪漫唯美的爱情故事，抑或是充满奇幻色彩的冒险小说，它都能轻松写出。在创作过程中，它会精心构思情节，塑造性格鲜明的人物形象，设置吸引人的悬念和冲突，让故事更有张力。

Q 请以“我居然孟婆汤过敏”为开头编写一个虚构小说，要求故事线曲折离奇，“脑洞”清奇，能引发读者无限联想。

A 我居然孟婆汤过敏。当那碗泛着幽幽蓝光的汤递到我面前时，我的喉咙突然发紧，全身泛起细密的红疹。孟婆诧异地看了我一眼，这是她任职三千年来第一次遇到这种情况。

“既然如此，你便带着记忆投胎去吧。”她挥了挥手，我顿时感觉天旋地转。

再次睁开眼时，我发现自己成了一个婴儿。奇怪的是，我不仅记得前世种种，还能听懂周围人的心声。产房里，我听见护士在尖叫：“天哪！这个婴儿没有心跳！”但我明明还活着。

十八年后，我成了一名法医。每当夜深人静，我总能听见死者在我耳边低语。他们告诉我，这座城市里有一个连环杀手，专挑年轻女性下手。而最近的一起案件，受害者竟是我的大学同学。

在解剖室里，我触碰她的尸体时，突然看见了一幕画面：凶手左手小拇指上有一道月牙形的疤痕。这个发现让我不寒而栗——我的导师、法医界泰斗陈教授，手上就有这样一道疤。

更诡异的是，在调查过程中，我发现这些死者都曾在一家名为“忘川”的心理诊所就诊。而诊所的主人，正是陈教授的妻子。

就在我即将揭开真相时，一场车祸让我再次来到了奈何桥。这次，孟婆认出了我：“原来是你啊，那个对孟婆汤过敏的特殊案例。”

“我为什么会过敏？”我忍不住问道。

孟婆神秘一笑：“因为你不是普通人。你是地府派往人间的‘引路人’，专门引导那些含冤而死的灵魂。只是上次投胎时出了差错，让你带着记忆转世了。”

我恍然大悟，难怪我能听见死者的声音。但还没等我细问，孟婆已经把我推向了轮回道：“去吧，这次给你安排了一个新身份，去继续完成你的使命吧！”

睁开眼，我发现自己成了“忘川”心理诊所的一名实习医生。而我的第一个病人，正是陈教授。

……

DeepSeek等AI工具的出现，无疑给文学创作领域带来了巨大的影响。一方面，AI创作凭借其高效的生成能力和丰富的素材储备，为文学创作带来了新的思路和可能性。它可以在短时间内生成大量的故事创意和情节框架，为人类作家提供灵感和参考，帮助他们节省创作时间和精力。另一方面，AI创作也引发了人们对文学创作本质的思考。AI生成的作品虽然在语言表达和情节构建上能够达到一定的水平，但它们往往缺乏人类作家所具有的情感体验、生活感悟和独特的创作风格。毕竟，文学创作不仅仅是简单的文字组合，更是作者对世界认知的外显、对人性的洞察，以及内心情感的抒发。

在这种情况下，人类作家与AI合作成了一种新的趋势。人类作家可以充分发挥自己的优势，如丰富的情感、敏锐的洞察力和独特的创造力，为作品注入“灵魂”；而AI则可以作为辅助工具，提供创意、优化语言、检查逻辑漏洞等。例如，作家可以先根据自己的灵感和构思，写出小说的大纲和主要情节，然后借助AI工具对文字进行润色，检查是否存在逻辑漏洞或语法错误。

4.3.4 视频脚本创作

在短视频风靡的当下，优质的视频内容已然成为吸引观众目光、传递信息的关键。而一个引人入胜的视频，离不开精心创作的脚本。它就像建筑的蓝图，规划着视频的每一个镜头、每一句台词，把控着视频的节奏，奠定了整个视频的风格。从剧情类短视频到产品宣传视频，再到知识科普类视频，不同类型的视频对脚本的要求也各不相同。

小说故事创作让我们领略了DeepSeek在长篇叙事上的魅力，视频脚本创作则是它在动态视觉表达领域的延伸。DeepSeek在视频脚本创作方面表现出色，它能够根据给定的主题或目标，迅速生成逻辑严谨、条理清晰、画面感十足的脚本框架。

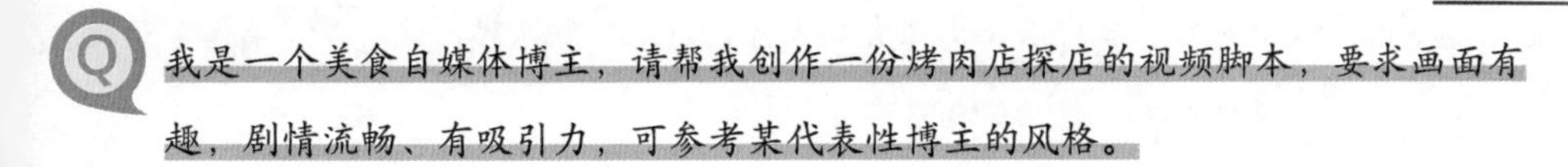

Q 我是一个美食自媒体博主，请帮我创作一份烤肉店探店的视频脚本，要求画面有趣，剧情流畅、有吸引力，可参考某代表性博主的风格。

A 烤肉店探店视频脚本

标题：🔥【惊艳！这家烤肉店居然藏着“神仙级”和牛！】🔥

1. 开场

画面：镜头从城市夜景切换到烤肉店门头，霓虹灯闪烁，店内热闹的氛围透过玻璃窗隐约可见。博主（你）站在店门口，穿着休闲但时尚，对着镜头挥手，笑容灿烂。

台词：“大家好！我是你们的美食侦探XXX！今天带大家来探一家超火的烤肉店——据说这里的和牛口感让人十分惊艳！到底是不是真的？跟我一起进去看看吧！”。

2. 第一部分：店内环境

画面：镜头跟随博主进入店内，拍摄店内装修：日式风格，木质桌椅，暖黄色灯光，墙上挂着和风装饰画。特写烤肉架上冒油的肉片，烟雾缭绕，体现氛围感。博主坐下后，环顾四周，对着镜头挑眉并说道：“这环境，是不是有点小高级？”。

台词：“这家店的装修真的很用心，日式风格，感觉一秒穿越到了东京街头！而且你们看，每桌都有独立的烤炉，完全不用担心油烟问题，贴心！”。

3. 第二部分：点单环节

画面：博主翻开菜单，特写菜单上的招牌菜：和牛拼盘、厚切牛舌、秘制酱料等。博主对着镜头眨眨眼说：“今天咱们点个豪华套餐，看看能不能吃回本！”服务员端上一大盘和牛拼盘，博主夸张地捂住嘴说：“哇！这肉的纹理也太漂亮了吧！”。

台词：“他们家最出名的就是和牛拼盘，听说都是A5级别的！你看这雪花纹路，简直像艺术品一样！还有这个厚切牛舌，据说烤出来外焦里嫩，绝了！”。

4. 第三部分：烤肉过程

画面：博主夹起一片和牛放在烤架上，特写肉片在高温下逐渐变色、油脂滴落，火焰蹿起。博主用夹子翻动肉片，对着镜头说：“听，这肉片在烤炉上炙烤的声音，是不是超级治愈？”烤好后，博主夹起肉片，蘸上秘制酱料，咬一口，表情夸张地说：“天呐！这也太嫩了吧！入口即化！”。

台词：“这个和牛真的绝了！外焦里嫩，油脂在嘴里化开，配上他们家的秘制酱料，酸甜适中，简直是绝佳搭配！”。

5. 第四部分：互动环节

画面：博主夹起一块烤好的肉，对着镜头说：“来，张嘴，我喂你们一口！”镜头切换到博主吃牛舌的画面，咬下去时发出清脆的声音：“这个牛舌，外皮焦脆，里面超级‘Q弹’，绝了！”博主突然神秘兮兮地说：“你们知道吗？他们家还有一个隐藏吃法！”然后示范用生菜包肉，加上蒜片和泡菜，一口塞进嘴里。

台词：“这个隐藏吃法真的绝了！生菜的清爽加上蒜片的辛辣，完美中和了肉的油腻，你们一定要试试！”。

6. 第五部分：总结与推荐

画面：博主靠在椅子上，摸着肚子，满足地说：“今天真的吃得太满足了！”镜头切换到桌上的空盘子，特写博主擦嘴的动作。最后，博主对着镜头比心，说：“这家店真的值得打卡！和牛品质超高，环境也很棒，关键是价格还算亲民！赶紧约上小伙伴来试试吧！”。

台词：“如果你也是烤肉爱好者，这家店绝对不要错过！记得提前预约哦，不然就要排队啦！好啦，今天的探店就到这里，我们下期再见！”。

7. 结尾

画面：博主走出店门，挥手告别，镜头拉远，定格在店门口的招牌上。

字幕弹出："店名：XXX烤肉店 | 地址：XXX路XXX号 | 人均：XXX元"。

背景音乐：轻松欢快的音乐渐弱，视频结束。

虽然DeepSeek能够为用户提供高效、多样化的视频脚本，但它生成的脚本并非完美无缺，仍需要创作者进行优化和完善。创作者可以根据实际拍摄条件、个人创意及目标受众的喜好，对镜头的时长、台词的表述等进行调整。同时，在利用DeepSeek创作脚本时，也要明确指令，如"生成一个时长为3分钟，面向青少年的趣味科普视频脚本，主题是'恐龙的灭绝'，要包含动画元素"，这样才能让DeepSeek生成更符合预期的脚本框架，助力创作者创作出更优质的视频内容。

第5章 CHAPTER 05

DeepSeek赋能职场工作

在当今竞争激烈、节奏飞快的职场环境中，寻求高效创新的工作方式已成为每一位职场人的迫切需求。DeepSeek的横空出世，宛如一场及时雨，为职场发展注入全新活力。DeepSeek功能强大，不仅能助力白领精英在短短几分钟内生成逻辑严谨、条理清晰的邮件，摆脱灵感枯竭的困境；也能协助市场调研人员精准洞察行业趋势，发掘潜在商机；更能帮助程序员快速解读复杂代码逻辑，推动开发进程。DeepSeek就如同智能伙伴与贴心秘书，以其卓越的赋能特性帮助职场人突破限制，开启工作的全新篇章，轻松应对未来挑战。

5.1 撰写邮件和报告

邮件和报告在职场中是商务沟通和信息传递时不可或缺的一部分。DeepSeek通过自然语言处理技术，能够快速生成结构清晰、语言流畅的文本，帮助用户节省时间并提升沟通效率；而且DeepSeek能根据用户需求提供精准的内容建议，确保信息传达准确且专业。

5.1.1 撰写商务邮件

商务邮件是商务沟通的关键工具，能精准传递信息、确认合作细节，具有正式性与可追溯性，可以帮助职场人构建专业形象、促进高效沟通与推进业务。作为职场人士，该怎样用DeepSeek生成商务邮件呢？

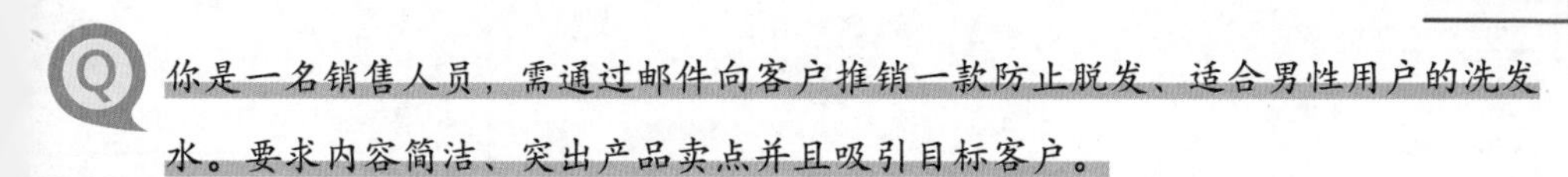

Q 你是一名销售人员，需通过邮件向客户推销一款防止脱发、适合男性用户的洗发水。要求内容简洁、突出产品卖点并且吸引目标客户。

A 以下是一个简洁且吸引人的推销邮件模板，供参考。

主题：告别脱发困扰 | [品牌名]男士防脱洗发水，28天重拾浓密和自信

尊敬的[客户姓名/先生]：

脱发问题是否影响您的形象与自信？

[品牌名]男士防脱洗发水，专为男性设计，科学解决脱发困扰！

为什么选择我们？

✅ 核心卖点1：强效防脱

含咖啡因+锯棕榈提取物，深入滋养毛囊，减少断发、掉发。

✅ 核心卖点2：清爽控油

专利控油配方，缓解头痒、头屑，保持头皮健康，适合每日使用。

✅ 男士专属设计

薄荷清凉感+木质香调，贴合男性偏好，洗后清爽不黏腻。

限时优惠：

🔥 首单立减20%，赠旅行装小样（点击购买→ [产品链接]）

🔥 若不满意，30天内全额退款，零风险体验！

立刻行动，告别“头顶危机”。

👉[立即订购]或回复邮件，获取专属顾问咨询。

祝心情愉悦，

[您的姓名]

[您的职位]丨[公司名称]

联系电话：[电话]丨官网：[网站链接]

邮件亮点：

直击痛点：开头引发共鸣，强化需求。

数据支撑：列举数据“28天”“67%”，增强可信度。

男性偏好：强调香味、清爽感等细节。

紧迫感：限时优惠+退款承诺，降低决策门槛。

可根据客户行业或需求调整具体话术，例如，针对商务人士，可加入“提升职场形象”等关键词。

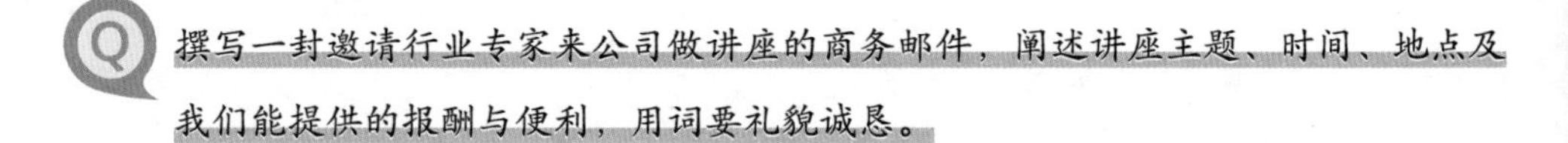

Q 撰写一封邀请行业专家来公司做讲座的商务邮件，阐述讲座主题、时间、地点及我们能提供的报酬与便利，用词要礼貌诚恳。

A 以下是一个邀请行业专家做讲座的商务邮件模板，内容可根据实际情况调整。

邮件主题：诚邀[专家姓名/职称]莅临[公司名称]开展专题讲座

尊敬的[专家姓名/职称]：

您好！

[公司名称]一直致力于[行业领域/业务方向]的探索与发展，我们深知您在[具体领域，如“人工智能技术应用”“市场营销战略”等]的卓越成就与深厚造诣。为拓宽团队视野，汲取前沿经验，我们诚挚邀请您莅临我司，围绕“[讲座主题]”开展专题分享。

讲座信息

主题：[拟定主题，如数字化转型中的创新实践]

时间：[具体日期与时间段，如2024年3月20日（周三）14:00—16:00]

地点：[具体地址，如XX市XX区XX路XX号XX大厦会议室]

参会人员：[如公司管理层及核心业务团队，约50人]

我方所提供的支持

……

注意事项：

❶ 主题明确：突出讲座与专家专长、公司需求的关联性。

❷ 细节清晰：给出具体的时间和地点，避免模糊表述。

❸ 体现尊重与诚意：强调对专家的认可，避免过度承诺无法兑现的条件。

❹ 版面简洁：分点列明信息，便于专家快速阅读。

希望这封邮件能为您提供参考！

5.1.2 撰写工作报告

工作报告主要用于总结一段时间内的工作成果、遇到的问题及改进措施等，可以为决策提供依据，加强团队交流，推动组织持续发展。不过，对于职场人士来说，撰写工作报告往往是一件让人非常头疼的事，但是有了DeepSeek的协助，这件事情就变得简单多了。

Q 我是一名程序员，需要写一份月度工作报告，详细说明本月负责的［软件项目名称］的开发进度，已攻克的技术难题（如［列举难题］），以及遇到的阻碍和解决方案，结尾附上对后续功能优化的想法，文字要简洁。

A 以下是一个简洁实用的月度工作报告模板，供参考。

202×年××月［软件项目名称］开发工作报告

一、开发进度概览

❶ 核心模块开发

完成用户权限管理系统重构（进度100%）。

开发订单异步处理功能（进度90%，联调测试中）。

❷ 功能迭代

新增API版本控制机制（已上线）。

提高数据查询响应速度（从2.1s降至0.4s）。

二、技术难题攻克

❶ 分布式事务一致性

采用Saga模式+补偿机制，解决跨微服务数据不一致的问题。

编写通用事务管理器组件，使复用率提升60%。

❷ 高并发场景性能瓶颈

通过Redis管道技术+本地缓存二级优化，QPS从1200提升至3500。

重构线程池配置策略，降低GC频率40%。

……

注意：可根据实际项目情况调整模块划分和技术细节颗粒度，建议搭配甘特图或燃尽图，这样可以更直观地展示进度。

5.1.3 撰写项目方案

项目方案是项目的基本参考文档，旨在通过详细的规划和安排，确保项目能够按照预定的目标、时间、成本和质量要求等顺利进行。撰写项目方案时，DeepSeek可以为我们提供支持，但需要掌握提问技巧。

1. 明确任务与需求

向DeepSeek说明项目要达成的具体目标（如提高产品市场占有率到一定比例等），以及项目的具体任务、涉及的领域范围、期望的交付成果形式（如交付一份详细的市场调研报告）等。

2. 提供背景与资料

给DeepSeek提供项目的背景情况，如行业现状、市场趋势等，以便它能更好地理解项目的来龙去脉，使方案更具针对性；输入与项目类似的成功案例、相关的市场数据等内容，让DeepSeek在生成方案时能够参考这些资料，从而给出更合理的建议和策略。

3. 合理引导与交互

可将项目方案拆解为多个部分，例如，先让DeepSeek生成项目的初步规划框架，再逐步细化各部分内容；也可以告诉DeepSeek项目方案的整体结构，如按照项目背景、项目目标、方案内容、实施步骤、风险评估与应对等来组织内容，使DeepSeek生成的方案更有条理；对DeepSeek生成的内容进行仔细审查，对于不符合要求或不合理的地方，明确指出存在的问题并提供修改意见，让它进一步优化完善。

4．审核与完善

检查DeepSeek生成的方案中的数据、事实等内容是否准确，是否与提供的资料和实际情况相符；从专业角度和实际操作层面评估方案的合理性和可行性，看是否符合行业规范和公司实际情况，能否真正落地实施；结合项目的独特需求和团队的特点，对方案进行个性化调整。

Q 我要筹备一个大型音乐节项目，请帮我设计方案。市场分析要涵盖目标受众的年龄分布、音乐喜好类型及地域来源；演出阵容规划，要列举拟邀请的知名艺人和潜力新人；场地选择与布置，要考虑场地容量、交通便利性及舞台设计；票务销售策略，包括早鸟票、普通票、VIP票的设置，以及宣传推广的途径。整体方案要有创意，能调动观众的热情。

A 以下是针对2025年大型音乐节项目的设计方案，整合了市场分析、演出阵容、场地规划、票务策略及宣传推广的创意方案。

一、市场分析

❶ 目标受众分析

年龄分布：

以18~35岁年轻群体为核心（占比约70%），覆盖音乐节主流消费人群；36~50岁中青年群体（占比20%），偏好经典或小众音乐类型；剩余10%为家庭及中学生群体。

音乐喜好类型：

流行音乐（30%）、电子/EDM（25%）、摇滚/独立乐队（20%）、嘻哈/R&B（15%）、民谣/世界音乐（10%）。结合当前趋势，电子与嘻哈类音乐的需求增长显著。

地域来源：

一线城市（北京、上海、广州、深圳）观众占比50%，新一线城市（杭州、成都、南京等）观众占比30%，其余为周边城市及国际游客（20%）。

❷ 市场趋势

文旅融合：音乐节与旅游消费结合，带动周边餐饮、住宿消费。

体验升级：观众追求沉浸式体验，强调“节日感”与互动性，如主题市集、科技互动装置。

二、演出阵容规划

❶ 头部艺人

……

❷ 潜力新人及特色乐队

……

三、场地选择与布置

❶ 场地选址

推荐场地：深圳大运中心（能容纳5万人，交通便利，毗邻地铁及高速）或杭州奥体中心（毗邻亚运场馆，文旅配套成熟）。

交通配套：设置接驳巴士、共享单车专区，与滴滴/高德合作推出“音乐节专属出行套餐”。

❷ 舞台设计与功能区

……

5.2 市场调研

在数字化浪潮中，市场动态瞬息万变，精准洞察市场趋势、深度剖析用户需求与竞争态势，成为企业制胜的关键。而DeepSeek凭借强大的人工智能技术，能快速梳理海量数据，为市场调研工作提供有力支撑。

5.2.1 市场趋势分析

商场如战场，市场趋势分析可帮助企业了解市场的发展趋势，把握市场机会，及时作出合理规划，提升企业的竞争力。DeepSeek能为你解锁市场趋势密码，助你在商海浪潮中抢占先机。

Q 帮我分析一下未来3~5年智能穿戴设备的市场趋势，要涵盖技术革新方向，如芯片、传感器的研究进展，以及消费者需求的变化，如对健康监测功能的偏好。

A 未来3~5年，智能穿戴设备市场将呈现技术深度整合与消费者需求精准化并行的趋势，以下从技术革新、消费者需求、市场竞争和生态发展四个维度展开分析。

一、技术革新方向

❶ 芯片性能跃迁

3nm制程芯片将普及，运算效率提高200%的同时功耗降低40%，支持本地化AI推理（如实时ECG分析）。

异构计算架构成为标配：NPU+GPU+低功耗协处理器的组合，满足运动姿态识别（需50fps的处理速度）与健康监测（0.1ms级响应）的并行需求。

柔性芯片技术突破，2026年可弯曲处理器将使设备形态突破腕部限制（如智能戒指的计算能力将达到当前手表的水平）。

……

二、消费者需求演化

❶ 健康监测专业化

心血管疾病预防：24小时动脉硬化指数监测需求年增长67%（2023年市场调研数据）。

睡眠经济驱动：多导睡眠监测（脑电+呼吸+体动）功能成为中高端设备标配。

心理健康量化：皮肤电反应（GSR）传感器结合AI情绪算法，压力监测准确率突破92%。

……

三、市场竞争格局

……

5.2.2 竞争对手分析

竞争对手分析能帮助企业了解市场环境，以及竞争对手的策略和行为，助力企业规避威胁，把握机遇，制订出更加有效的策略。DeepSeek可化身专业可靠的行业战略分析师，协助我们深入了解行业动态。

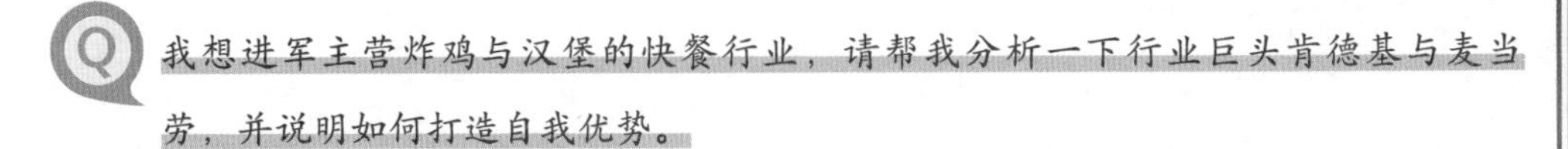

Q 我想进军主营炸鸡与汉堡的快餐行业，请帮我分析一下行业巨头肯德基与麦当劳，并说明如何打造自我优势。

A 进军快餐行业，尤其是炸鸡与汉堡领域，需要对行业巨头肯德基和麦当劳的商业模式、竞争优势和市场策略进行深入分析。以下从多个维度进行对比分析，并提出针对新进入者的建议。

一、品牌定位与核心差异

肯德基

❶ 核心产品：以炸鸡为主（如原味鸡、脆皮鸡），搭配汉堡、小食（如薯条、鸡米花）和本土化产品（如中国市场的豆浆、油条）。

❷ 品牌形象：强调“家庭聚餐”和“传统炸鸡专家”，通过“山德士上校”IP强化品牌历史感。

❸ 本土化策略：在非欧美市场（如中国、印度）推出高度本地化菜单，以适应不同的饮食习惯。

麦当劳

❶ 核心产品：以汉堡为核心（巨无霸、麦香鱼），辅以薯条、麦乐鸡等标准化产品，近年增加了咖啡和健康轻食。

❷ 品牌形象：主打“年轻化”“快节奏”“全球化”，通过“开心乐园餐”吸引家庭客群。

❸ 标准化策略：全球菜单高度统一，强调“无论在哪，都能吃到熟悉的味道”。

对比总结：

肯德基更依赖炸鸡品类和本土化创新，麦当劳则以汉堡标准化和全球化见长。

两者均通过“核心爆品+本地化补充”扩大市场，但侧重点不同。

二、商业模式与运营策略

❶ 供应链管理

肯德基：母公司百胜中国拥有独立的供应链体系，在中国市场深度整合本地供应商（如鸡肉、蔬菜），成本控制能力极强。

麦当劳：采用中央集权式供应链，与全球大型供应商（如辛普劳土豆、泰森食品）长期合作，确保食材的一致性。

共同点：均通过规模化采购、冷链物流和中央厨房降低成本。

❷ 门店运营

特许经营模式

麦当劳：对加盟商审核严格，初期投资高（约500万~1000万元人民币），但提供全面培训和品牌支持。

肯德基：特许经营门槛相对灵活，部分市场允许小型投资者加盟（如“小城镇特许经营”模式）。

数字化与外卖

两者均通过自有App、第三方平台（美团、饿了么）拓展线上渠道，麦当劳在会员体系（“麦乐送”积分）上更成熟。

❸ 营销策略

肯德基：擅长跨界联名（如与宝可梦、热门IP合作玩具）和社交媒体营销（抖音、小红书种草）。

麦当劳：注重品牌价值观输出（环保、社区公益），并通过“限时新品”（如四川辣酱）制造话题。

三、市场表现与挑战

❶ 全球布局

麦当劳：覆盖120+国家，门店数约4万家（2023年），欧美市场占比更高。

肯德基：覆盖150+国家，门店数约2.5万家，中国市场贡献近半营收（百胜中国独立上市）。

❷ 近年挑战

健康饮食趋势：消费者对油炸食品的需求下降，两者均推出沙拉、烤鸡等产品，但效果有限。

成本压力：食材和人力成本上涨，导致利润率承压。

本土竞争者崛起：如中国的华莱士、塔斯汀，通过低价和差异化产品抢占市场。

四、新品牌入局建议

❶ 差异化定位

品类创新：避开与巨头的直接竞争，例如，可以聚焦“健康炸鸡”（空气炸锅技术）、“区域特色汉堡”（如川味、芝士夹心）等。

场景细分：针对消夜、办公室下午茶等场景设计套餐，或提供“现点现做”的高品质体验。

❷ 供应链与成本控制

优先选择区域性供应商，建立灵活的小规模供应链（如与本地农场合作）。

采用“中央厨房+小型门店”模式降低租金和人力成本。

❸ 数字化与私域流量

通过小程序、社群运营积累用户数据，提供个性化推荐（如“一周汉堡不重样”计划）。

结合直播带货、短视频内容（如“制作过程透明化”）提升品牌黏性。

❹ 本土化与快速试错

借鉴肯德基的策略，根据区域口味调整产品（如在东南亚市场增加咖喱风味）。

采用“小步快跑”模式，通过限时新品测试市场反应，再决定是否保留。

5.2.3 用户行为分析

用户行为分析可帮助企业了解用户的需求、习惯和偏好，从而优化产品体验，提升用户的满意度，增强企业的竞争力。DeepSeek能根据网络数据与自身分析精准刻画产品使用者的画像。

能分析一下小红书App的用户画像吗？

小红书作为国内领先的“社交+电商”生活方式平台，其用户画像具有年轻化、女性主导和消费力强等特点。以下从多个维度分析其核心用户的特征。

一、人口统计学特征

❶ 年龄分布

主力用户：18~35岁（占比约80%），以Z世代（95后）和千禧一代（90后）为主，尤其是18~24岁的用户增长显著。

趋势：近年来逐步向“全年龄段”扩展，30岁以上用户（母婴、家居等内容的消费者）占比提升。

❷ 性别比例

女性主导：女性用户占比约70%~80%，男性用户增速加快（尤其是科技、运动、潮流等领域）。

男性偏好：数码测评、汽车、健身等内容吸引了更多男性用户，但整体仍以女性需求为核心。

❸ 地域分布

高线城市密集：一线及新一线城市（如上海、北京、广州、杭州）用户占比超50%，消费能力强。

下沉市场渗透：三、四线城市用户增长迅速，平台通过“本地生活”内容（如探店、平价好物）吸引新群体。

二、兴趣与行为特征

❶ 内容偏好

核心领域：美妆护肤、时尚穿搭、旅行攻略、美食探店、母婴育儿。

新兴趋势：户外运动（露营、骑行）、家居改造、科技数码、健康养生、职场成长等。

内容形式：用户更青睐真实感强的UGC（用户原创内容），如素人测评、经验分享等。

❷ 消费行为

种草到拔草闭环：超60%的用户因平台内容产生购买意愿，中高端品牌（如国际美妆、小众设计）更受青睐。

决策依赖：用户注重口碑和性价比，倾向搜索“平替”“测评”等关键词，对KOC（关键意见消费者）信任度高。

❸ 社交互动

高活跃度：日均使用时长超60分钟，用户习惯通过点赞、收藏、评论进行互动，增强了社区黏性。

圈层文化：用户自发形成兴趣社群（如汉服、盲盒、宠物），推动小众文化“破圈”。

三、职业与生活方式

核心人群：都市白领、大学生、新手妈妈、自由职业者。

生活方式：追求精致实用，既关注品质又注重性价比，热衷探索新品牌和体验式消费。

价值观：推崇多元包容，支持女性独立、环保可持续等议题，反对过度营销和“滤镜造假”。

四、面临的挑战与变化

用户增长瓶颈：需平衡一、二线与下沉市场的内容差异化，避免社区氛围稀释。

商业化压力：广告和营销内容增加可能影响用户体验，需加强内容审核（如打击虚假种草）。

竞争加剧：抖音、快手等平台发力“本地生活”，B站、知乎争夺年轻用户，小红书需强化“消费决策”核心优势。

总结

小红书的用户画像可概括为“年轻女性主导的高消费力群体，追求品质生活与真实分享”。平台需持续优化内容生态，维护社区调性，同时拓展多元场景（如直播电商、本地服务），以应对市场变化。

你也可以向DeepSeek进一步提问，如“如果我是美食自媒体创作者，如何使我的文案更有吸引力？”或“根据小红书的用户画像，怎样才能更好地让流量变现？”。

5.3 代码编写

当今科技飞速发展，编程已成为众多领域的关键技能。而借助强大的人工智能工具，能大幅度提高编程效率。DeepSeek 作为一款先进的大语言人工智能模型，在代码编写方面表现卓越，它能理解自然语言指令，精准生成高质量代码，为开发者开启全新的编程体验。

5.3.1 代码需求分析与框架搭建

在数字化革新的浪潮下，代码开发领域不断演进。进行代码创作时，代码框架的搭建可提升代码的结构性与可读性，便于团队协作开发，同时也能增强代码的可维护性与扩展性。在使用DeepSeek协助搭建框架时，我们可以提出自己的需求。

搭建零售连锁店库存与员工管理系统的框架。需求：简化库存管理流程，实现库存报告和通知功能，掌握库存状况，避免积压或缺货。

以下是精简版零售连锁店库存与员工管理系统框架设计，聚焦核心需求。

一、系统架构

```
[移动端/POS终端] → [云服务器] ↔ [数据库]
       ↑
[通知服务(邮件/SMS)]
```

二、核心功能模块

❶ 库存管理

实时库存监控

各分店库存数据自动同步（支持扫码枪/POS录入）

多维度视图：SKU/分类/分店/保质期

智能预警

自动触发补货通知（库存≤安全阈值）

临期商品预警（保质期剩余30天标红）

极简报告

每日库存简报（缺货TOP10/滞销TOP10）

一键导出Excel（含周转率/损耗率）

❷ 员工管理

任务看板

自动生成补货任务（关联库存预警）

班次交接确认（扫码完成责任转移）

权限分级

店员：查看本店库存/接收任务

店长：调拨申请/修改安全库存

总部：全局视图/报表分析

三、技术实现（精简版）

数据库：MySQL（分店库存表+商品主表+任务日志表）

后端：Python FastAPI（RESTful API +定时任务）

前端：微信小程序（店员端）+PC仪表盘（管理端）

通知：阿里云短信API+邮件模板

四、关键流程示例

补货流程：

```
库存低于阈值 → 系统推送任务至店长微信 →
店长审批 → 生成采购单 → 到货后扫码入库 →
库存数据自动更新
```

五、成本控制

硬件：复用现有POS设备+手机扫码

部署：采用云服务器按需付费（如2核4G服务器约300元/月）

开发：MVP版本可3~4周交付

总结：该系统用“自动化预警+任务驱动”替代人工盘点，预计可减少30%以上缺货/滞销情况的发生，适合有20~50家门店的中小型连锁企业。

5.3.2 不同编程语言的代码生成

在软件开发的广袤天地里，编程语言是开发者的得力工具。Python、Java、C++ 等各具特色，适用于不同场景。DeepSeek具有强大的代码生成能力，可协助开发者灵活运用各种编程语言，生成所需的代码。

编写一个Java程序，让用户输入圆的半径，然后计算并输出圆的面积。

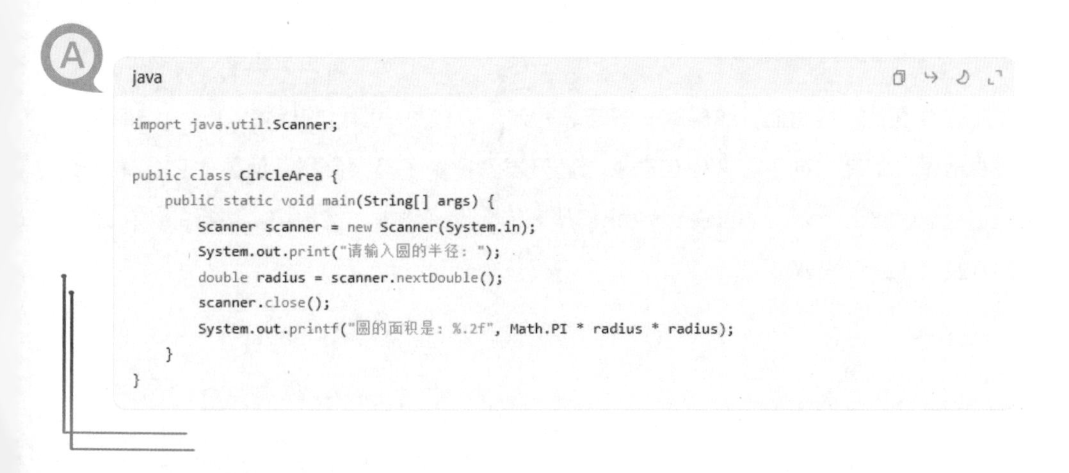

java

```java
import java.util.Scanner;

public class CircleArea {
    public static void main(String[] args) {
        Scanner scanner = new Scanner(System.in);
        System.out.print("请输入圆的半径：");
        double radius = scanner.nextDouble();
        scanner.close();
        System.out.printf("圆的面积是：%.2f", Math.PI * radius * radius);
    }
}
```

我们在工作中可能需要使用其他的编程语言，所以可以继续向它提问。

请再用其他两种编程语言简单计算圆的面积。

cpp

```cpp
#include <iostream>
#include <iomanip>
const double PI = 3.1415926;

int main() {
    double radius, area;
    std::cout << "请输入圆的半径：";
    std::cin >> radius;
    area = PI * radius * radius;
    std::cout << std::fixed << std::setprecision(2);
    std::cout << "圆的面积是：" << area << std::endl;
    return 0;
}
```

python

```python
import math

radius = float(input("请输入圆的半径："))
area = math.pi * radius ** 2
print(f"圆的面积是：{area:.2f}")
```

根据自身工作需求，还可以让DeepSeek生成其他类型的代码。

5.3.3 代码优化建议

在软件研发的赛道上，代码的质量与编写效率直接关乎项目的成败。DeepSeek作为代码生成领域的有力助手，凭借自身能力为开发者提供了极大便利。但要让它发挥出最大价值，代码优化必不可少。DeepSeek将从多维度深入剖析，给出切实可行的优化建议，助力开发者提升代码效能。

优化代码并给出建议。

```
def factorial(n):
if n == 0 or n == 1:
return 1
else:
return n * factorial(n - 1)
 num = 5
print(f"{num} 的阶乘是: {factorial(num)}")
```

优化后的代码

```python
def factorial(n):
    if n < 0: raise ValueError("需输入非负整数")
    return 1 if n in [0, 1] else n * factorial(n - 1)

try:
    print(f"{(num := 5)} 的阶乘是: {factorial(num)}")
except ValueError as e:
    print(f"错误: {e}")
```

优化点及说明

输入验证：在factorial函数里添加了对输入n的验证，当输入为负数时会抛出ValueError异常，避免函数对不合法的输入进行计算，增强了代码的健壮性。

返回逻辑简化：使用Python的三元运算符对递归函数里的if - else语句进行了简化，使代码更简洁。

海象运算符的运用：运用海象运算符:=在 print函数中定义并赋值num变量，减少了代码行数。

异常处理：使用try-except语句捕获可能出现的ValueError异常，并打印错误信息，方便用户了解输入错误的情况。

5.4 Excel数据处理技巧

在当今的数字化浪潮中，Excel已然成为职场必备的工具。无论是财务报表、销售数据，还是项目进度管理，它无处不在。本节聚焦Excel数据处理技巧，旨在为你拨开迷雾，从基础函数到高级数据透视，带你开启高效数据处理之旅，助你在职场数据海洋中破浪前行。

5.4.1 复杂数据的导入与整理

在信息爆炸时代，复杂数据的处理至关重要。职场人士该怎么利用DeepSeek对Excel复杂数据进行操作呢?

1. 借助DeepSeek导入数据

（1）直接输入数据

如果数据量少且结构相对简单，可以直接将数据复制到DeepSeek的输入框，同时向DeepSeek说明数据的来源和大致用途，例如，“这是从电商平台收集的用户购买记录数据，包含商品名称、购买时间、购买数量等信息，我要对其进行整理分析”。

（2）利用API导入

如果数据量大且结构复杂，数据存储在特定系统中且该系统提供API接口，就可以通过编写代码调用API获取数据，并将其传递给DeepSeek。例如，使用Python的requests库调用数据库API获取数据，再将数据内容以合适的方式输入DeepSeek进行处理。

可以通过图5-1所示的代码导入包含多个工作表的Excel文件。

```python
import pandas as pd

# 定义Excel文件路径
excel_file = pd.ExcelFile('your_file.xlsx')

# 获取所有表名
sheet_names = excel_file.sheet_names
sheet_names
```

图5-1

2. 利用DeepSeek整理复杂数据

（1）数据清洗建议

向DeepSeek描述数据中存在的问题，如缺失值、重复值、错误数据等，请求其提供清洗建议。例如，“这份销售数据中有部分订单金额为负数，还有一些客户信息缺失，该如何清洗这些数据？”。

DeepSeek会根据数据特点给出针对性的清洗方法，如删除重复值、填充缺失值、修正错误数据等。

处理缺失值的代码如图5-2所示。

```python
import pandas as pd

# 读取 Excel 文件
file_path = 'your_file.xlsx'
df = pd.read_excel(file_path)

# 假设对数值列用均值填充缺失值
numeric_columns = df.select_dtypes(include='number').columns
for col in numeric_columns:
    df[col].fillna(df[col].mean(), inplace=True)

# 保存处理后的数据
df.to_excel('filled_file.xlsx', index=False)
```

图5-2

（2）数据结构化处理

对于非结构化或半结构化的数据，可以告知DeepSeek期望的结构化形式，让其协助进行转换。例如，“这是一份文本形式的客户反馈数据，我想将其整理成包含反馈主题、反馈内容、反馈时间的表格形式，该怎么做？”。

DeepSeek会提供相应的处理步骤和方法，帮助我们将数据转换为所需的结构化格式。

（3）数据分类与聚合

根据分析需求，向DeepSeek提出数据分类和聚合的要求。例如，“我要将这些销售数据按照产品类别和销售地区进行分类，并统计每个类别和地区的销售总额”。

DeepSeek会指导我们如何进行分类和聚合操作，其中可能会涉及特定的算法或工具使用。

筛选符合条件的数据的代码如图5-3所示。

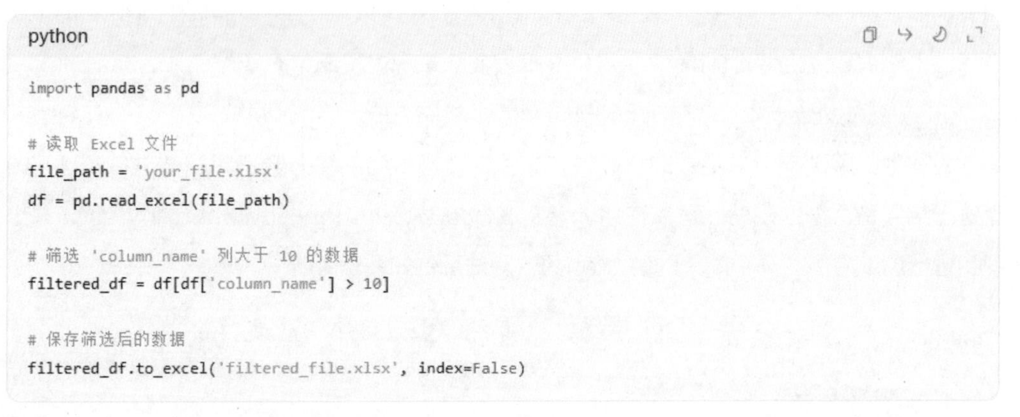

图5-3

（4）验证与优化整理结果

对DeepSeek整理后的数据进行人工验证，检查其是否符合预期的质量标准和使用要求。通过抽样检查、数据对比等方式确保数据的准确性和完整性。

如果发现整理结果存在问题，可将具体情况反馈给DeepSeek，请求进一步优化。例如，“按照建议整理后的数据，在某些类别下的统计结果似乎有误，请帮忙分析并调整处理方法”。

5.4.2 高级函数应用与数据分析

身处数据驱动的时代，掌握各种办公工具的进阶应用技巧是决胜关键。在DeepSeek的协助下，我们可以在Excel中进行更高阶的操作。

1. 高级函数应用

（1）提出清晰问题

将你的需求以清晰、详细的方式告知DeepSeek。例如，如果你想编写一个Python函数来实现对多维数组的快速排序，你可以这样提问：“请帮我用Python编写一个高级函数，实现对多维数组按照指定维度进行快速排序，同时要考虑时间复杂度和空间复杂度。”

（2）代码实现

根据DeepSeek给出的代码示例、思路或者算法描述，在你熟悉的编程环境中实现函数。例如，若DeepSeek提供了Python代码示例，你可以将代码复制到Python IDE（如PyCharm、Jupyter Notebook）中，并根据实际情况进行调整。

（3）测试函数

编写测试用例来验证函数的正确性和性能。使用不同的输入数据对函数进行测试，检查输出结果是否符合预期。可以使用单元测试框架（如Python的unittest或pytest）来组织和运行测试用例。一个简单的Python函数测试示例如图5-4所示。

```python
def add_numbers(a, b):
    return a + b

# 测试函数
def test_add_numbers():
    result = add_numbers(2, 3)
    assert result == 5, f"Expected 5, but got {result}"
    print("Test passed!")

test_add_numbers()
```

图5-4

（4）性能优化

如果在测试过程中发现函数性能不佳，可以向DeepSeek咨询优化建议。例如，你可以问：“我编写的这个排序函数在处理大规模数据时速度很慢，如何优化它的时间复杂度？”

（5）功能扩展

根据实际需求，对函数进行功能扩展。向DeepSeek询问如何添加新的功能或支持更多的输入类型。

自定义复杂条件求和功能的代码如图5-5所示。

```python
import pandas as pd

# 读取 Excel 文件
file_path = 'your_excel_file.xlsx'
df = pd.read_excel(file_path)

# 定义复杂条件
condition1 = df['列名1'] > 10
condition2 = df['列名2'].str.contains('特定文本', na=False)
combined_condition = condition1 & condition2

# 对符合条件的 '求和列名' 列进行求和
sum_result = df[combined_condition]['求和列名'].sum()

print(f"符合条件的求和结果为: {sum_result}")
```

图5-5

2. 数据分析

（1）借助DeepSeek规划分析思路

将你的分析目标和整理好的数据情况详细地告知DeepSeek，例如："我有一份包含过去一年每天的销售金额、销售数量和产品类别的CSV数据文件，我想借此分析不同产品类别的销售趋势并找出销售旺季，应该采用什么分析方法和步骤？"。

（2）选择合适的分析方法与工具

分析方法：根据DeepSeek的建议，确定具体的分析方法。例如，如果要分析销售数据的趋势，可能会用到移动平均、指数平滑等时间序列分析方法；如果要比较不同产品类别的销售情况，可能会用到分组求和、百分比计算等统计方法。

分析工具：选择合适的数据分析工具来实现这些方法。常见的工具包括Python（搭配Pandas、NumPy、Matplotlib等库）、R语言、Excel等。你可以向DeepSeek询问针对特定分析方法使用哪种工具更合适，以及如何使用这些工具进行分析。例如："我想用Python实现对销售数据的时间序列分析，应该使用哪些库，具体怎么操作？"

（3）执行数据分析

根据选定的分析方法和工具，编写代码或使用工具的功能进行数据分析。在这个过程中，如果遇到问题，如代码报错、数据处理难题等，可以随时向DeepSeek寻求帮助。例如，你可以将报错信息复制给DeepSeek，并描述你正在进行的操作，DeepSeek会帮你分析错误原因并提供解决方案。

描述性统计分析的代码如图5-6所示。

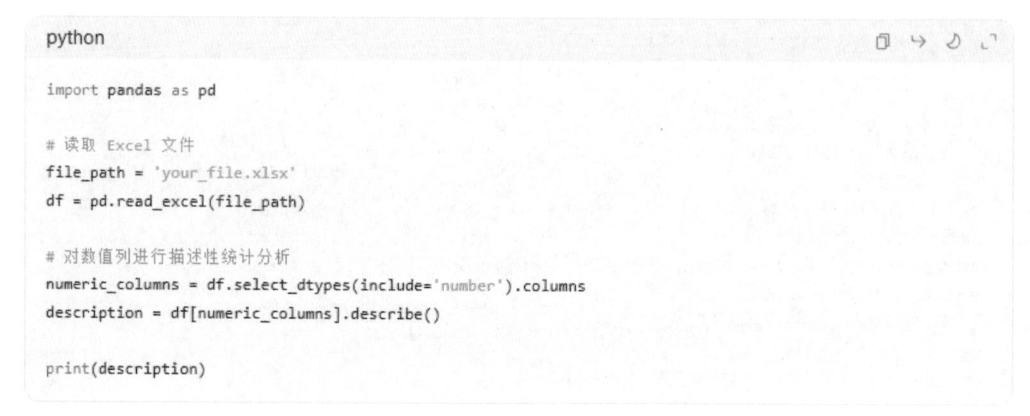

```python
import pandas as pd

# 读取 Excel 文件
file_path = 'your_file.xlsx'
df = pd.read_excel(file_path)

# 对数值列进行描述性统计分析
numeric_columns = df.select_dtypes(include='number').columns
description = df[numeric_columns].describe()

print(description)
```

图5-6

5.4.3 数据可视化与报表生成

在当今职场，数据可视化与报表生成已然成为不可或缺的关键环节。DeepSeek能够将枯燥的数据转化为更直观的内容呈现，从而帮助你进行高效决策。

1. 借助DeepSeek规划方案

我们可以依步骤规划方案（如图5-7所示）。

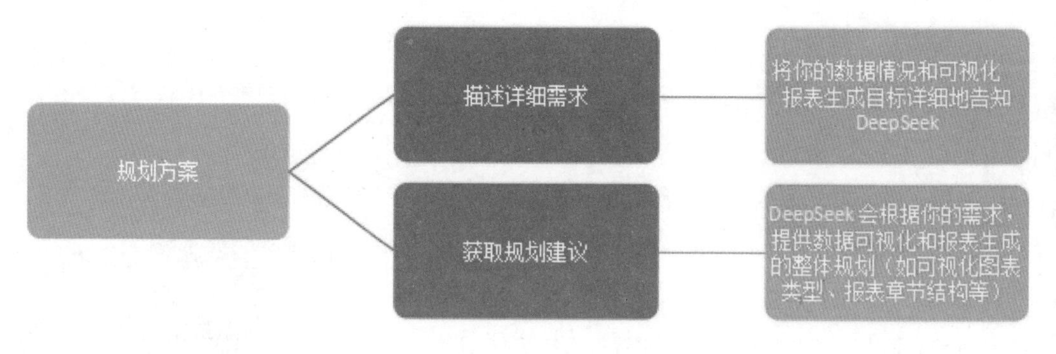

图5-7

2. 选择工具与技术

咨询工具建议： 向DeepSeek询问适合完成数据可视化和报表生成任务的工具。常见的工具包括Python的Matplotlib、Seaborn、Plotly库，R语言的ggplot2包，以及商业软件如Tableau、PowerBI等。例如，你可以问："对于我上述的销售数据可视化需求，使用哪种工具比较好，各自有什么优缺点？"。

学习工具使用：根据DeepSeek的建议选择工具后，进一步向它请教该工具的具体使用方法。

3．进行数据可视化

编写代码或工具操作指南：依据DeepSeek提供的代码示例或工具操作指南，进行数据可视化的实现。在过程中如果遇到问题，如代码报错、图表样式调整困难等，可以及时向DeepSeek反馈具体情况，如报错信息、期望的图表效果等，以获取解决方案。

优化可视化效果：完成初步的可视化后，与DeepSeek讨论如何优化图表的外观和可读性。如调整颜色搭配、添加图例和标题、优化坐标轴标签等，使图表更清晰地反映出数据信息。

代码能生成柱状图将数据可视化，如图5-8所示。

```python
import pandas as pd
import matplotlib.pyplot as plt

# 读取 Excel 文件
file_path = 'your_file.xlsx'
df = pd.read_excel(file_path)

# 假设绘制第一列数据的柱状图
plt.bar(df.index, df.iloc[:, 0])
plt.xlabel('Index')
plt.ylabel('Value')
plt.title('Bar Chart of First Column')
plt.show()
```

图5-8

4．生成报表

生成报表的步骤如图5-9所示。

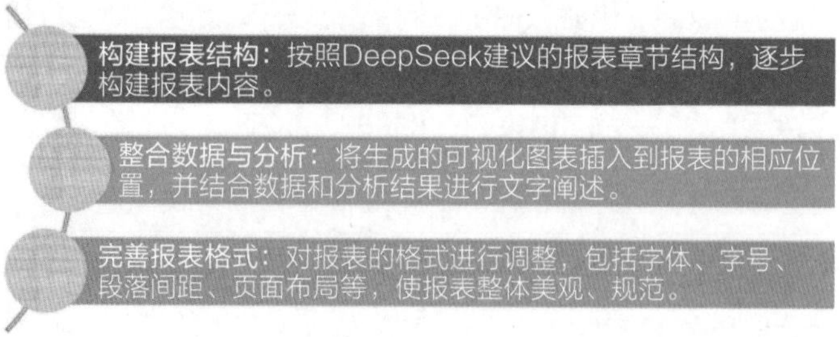

构建报表结构：按照DeepSeek建议的报表章节结构，逐步构建报表内容。

整合数据与分析：将生成的可视化图表插入到报表的相应位置，并结合数据和分析结果进行文字阐述。

完善报表格式：对报表的格式进行调整，包括字体、字号、段落间距、页面布局等，使报表整体美观、规范。

图 5-9

若在生成报表的过程中有任何需求，都能向DeepSeek求助，如“如何撰写销售数据报表中的趋势分析部分，使其既能准确呈现数据变化，又能通俗易懂”。

代码可以生成报表，如图5-10所示。

```python
from openpyxl import Workbook
from openpyxl.drawing.image import Image

# 创建一个新的工作簿
wb = Workbook()
ws = wb.active

# 将分组数据写入 Excel
ws.append(grouped.columns.tolist())
for row in grouped.values.tolist():
    ws.append(row)

# 插入图表图片到 Excel
img = Image('sum_by_category.png')
ws.add_image(img, 'E1')

# 保存报表
wb.save('report.xlsx')
```

图 5-10

5. 审核与分享

审核报表内容： 完成报表生成后，仔细审核报表中的数据准确性、分析逻辑性及表述清晰度。如有疑问，可再次与DeepSeek交流，对报表进行进一步的完善。

分享报表成果： 根据实际需求，将生成的报表以合适的格式（如PDF、PPT、Excel等）分享给相关人员。可以向DeepSeek了解不同格式的导出方法和适用场景。

5.5 简历筛选与求职面试

在竞争激烈的职场环境里，高效且精准的简历筛选与出色的求职面试表现共同发挥着举足轻重的作用。DeepSeek作为一项先进的人工智能技术，为该领域带来了革新契机。它能够快速分析海量简历，精准匹配岗位需求，大幅提高筛选效率与质量；同时，在求职面试环节，凭借其强大的数据分析与模拟功能，求职者可以开展针对性训练。接下来，让我们一同深入探究DeepSeek在这一领域中的应用与价值。

5.5.1 构建高效的简历筛选规则

若要高效筛选简历，我们需遵循如图5-11所示规则。

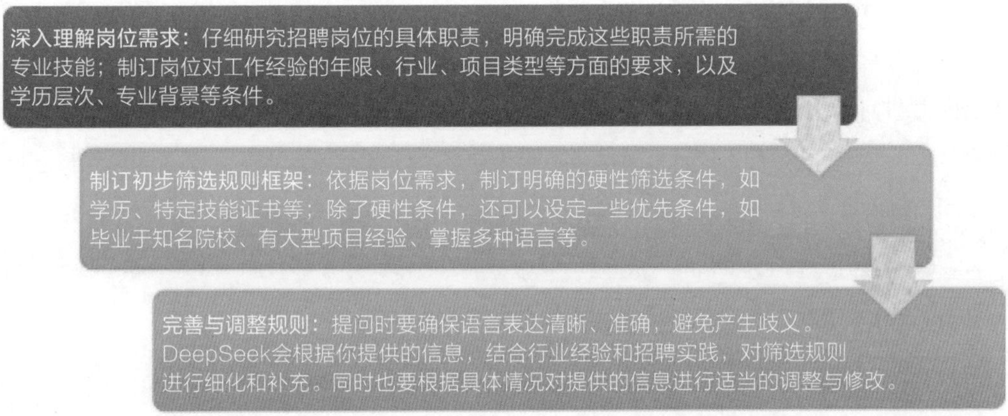

深入理解岗位需求：仔细研究招聘岗位的具体职责，明确完成这些职责所需的专业技能；制订岗位对工作经验的年限、行业、项目类型等方面的要求，以及学历层次、专业背景等条件。

制订初步筛选规则框架：依据岗位需求，制订明确的硬性筛选条件，如学历、特定技能证书等；除了硬性条件，还可以设定一些优先条件，如毕业于知名院校、有大型项目经验、掌握多种语言等。

完善与调整规则：提问时要确保语言表达清晰、准确，避免产生歧义。DeepSeek会根据你提供的信息，结合行业经验和招聘实践，对筛选规则进行细化和补充。同时也要根据具体情况对提供的信息进行适当的调整与修改。

图 5-11

5.5.2 利用DeepSeek筛选合适的简历

1. 基于文本交互的手动筛选

把单份简历的全部内容复制到DeepSeek的输入框，然后依据岗位要求提出具体问题，如“此岗位要求有5年以上互联网运营经验且熟练掌握数据分析工具，这份简历中的候选人是否满足？”；将多份简历的关键信息（如姓名、工作经历、技能等）整理成文本段落输入，向DeepSeek下达筛选指令，如“从这些简历里找出有3年以上软件开发经验且熟悉Java语言的候选人。”

2. 结合数据处理工具筛选

把简历信息整理成Excel或CSV表格，包含姓名、学历、工作经历等列。将表格内容上传到支持与DeepSeek交互的平台（如WPS），或者把表格数据以清晰的格式输入DeepSeek，并给出筛选规则，如“筛选出表格中工作经历里有大数据项目经验的候选人”。

3. 与招聘系统集成筛选

将DeepSeek的筛选功能集成到企业现有的招聘管理系统中。当有新简历进入系统时，系统会自动触发DeepSeek进行筛选，并将筛选结果反馈到招聘系统的相应界面，方便招聘人员进一步处理。

4. 自动化流程筛选

如果你具备一定的编程能力，可以使用Python等编程语言调用DeepSeek的API。编写脚本实现批量读取简历文件、将简历内容传递给DeepSeek进行分析、接收筛选结果并存储至指定文件等功能。例如，编写一个脚本循环读取某个文件夹下的所有简历文件，调用API对每份简历进行筛选判断，将符合要求的简历文件名记录下来。

如果需要用Python筛选Excel简历表，要求学历为本科及以上、工作经验不少于3年且掌握Python技能，可以参考下列代码如图5-12所示。

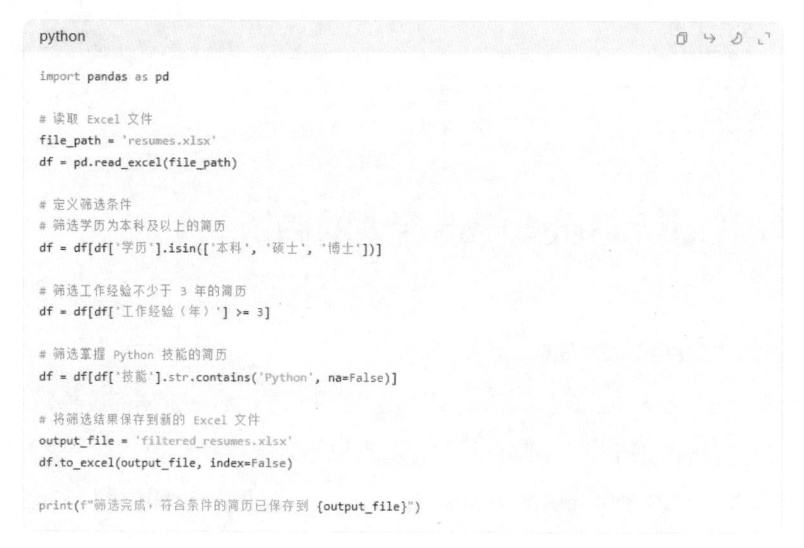

```python
import pandas as pd

# 读取 Excel 文件
file_path = 'resumes.xlsx'
df = pd.read_excel(file_path)

# 定义筛选条件
# 筛选学历为本科及以上的简历
df = df[df['学历'].isin(['本科', '硕士', '博士'])]

# 筛选工作经验不少于 3 年的简历
df = df[df['工作经验（年）'] >= 3]

# 筛选掌握 Python 技能的简历
df = df[df['技能'].str.contains('Python', na=False)]

# 将筛选结果保存到新的 Excel 文件
output_file = 'filtered_resumes.xlsx'
df.to_excel(output_file, index=False)

print(f"筛选完成，符合条件的简历已保存到 {output_file}")
```

图5-12

5.5.3 面试问题准备与面试技巧指导

求职面试是职场进阶的重要环节，精准高效的准备和出色的表现尤为关键。DeepSeek作为前沿的人工智能技术，凭借其强大的语言理解和数据处理能力，能够为求职者深入剖析岗位需求、模拟面试场景以及优化应答策略。

我要面试一家新媒体公司的文案策划，你能充当面试官吗？

好的！我来模拟新媒体公司文案策划岗位的面试官，以下是结构化面试问题，建议你先逐个思考回答，再看参考示例。

一、基础考察

❶ 请用1分钟介绍你与文案策划岗位匹配度最高的经历。

❷ 你日常关注哪些新媒体平台？请用三个关键词总结XX平台（如小红书/抖音/B站）的内容生态特征。

❸ 如果让你为一款新上市的无糖气泡水撰写推文标题，要求30分钟内产出20个版本，你的创作流程是？

二、专业深挖

❹ 展示你过往作品中数据最好的案例（口述即可），当时设定的核心传播目标是什么？为什么选择这个内容作为切入点？

❺ 假设要为美妆品牌策划妇女节活动，请列举三个拒绝“粉红税”营销的角度，并简述对应的内容形式。

❻ 当你的文案被客户质疑“不够网感”时，通常会通过哪些方式快速调整？

三、临场测试

❼ [命题创作]现在要为宠物智能喂食器撰写直播带货话术，目标人群是一线城市加班族，请现场输出3条30字内的痛点文案。

❽ [案例分析]“好利来”的社交媒体运营策略中，你认为最具参考价值的动作是什么？这个策略对哪些品类品牌来说可复制？

❾ [危机处理]品牌联名翻车导致舆情发酵，网友创作大量二创梗图，作为运营人员此时该压制还是借势？给出你的决策逻辑。

四、潜力评估

⑩ 你观察到最近三个月有哪些现象级传播事件？这些案例对我们的食品赛道客户有何启发？

⑪ 如果给你一周时间攻克短视频脚本写作，你会通过哪些方式快速提升？

⑫ 反问环节：现在可以向我提1~2个问题。

回答策略参考

▶ 第7题示范：

“凌晨三点改PPT，你的‘猫主子’还在等你开罐头”

“加班时最愧疚的瞬间：监控里毛孩子蹲在空碗前”

“智能托管三餐，让TA不知道你昨天又通宵”

（突出场景共鸣+产品核心功能）

▶ 第9题应对逻辑：

判断翻车性质：价值观错误/审美争议/产品瑕疵

分析二创内容的情感倾向：戏谑吐槽/愤怒抵制/玩梗调侃

决策树：

若属非原则问题且用户生成内容有娱乐性 → 快速玩梗自嘲，发起二创大赛转移焦点

若涉及法律道德风险 → 立即切割道歉，用产品补偿建立新记忆点

需要我展开某个问题的考察要点或参考答案吗？你可以先尝试自己回答，我会给出针对性建议。

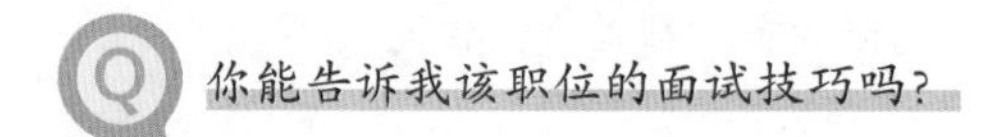

你能告诉我该职位的面试技巧吗？

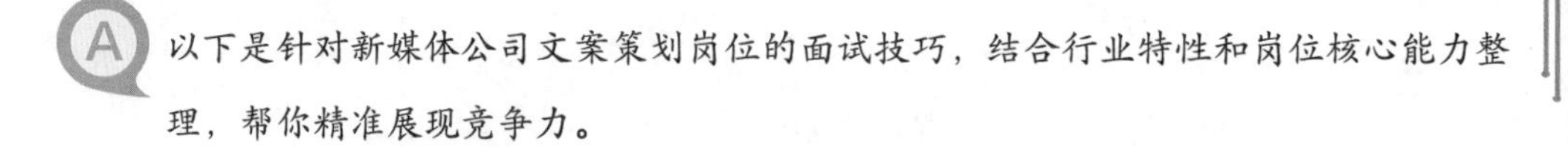

以下是针对新媒体公司文案策划岗位的面试技巧，结合行业特性和岗位核心能力整理，帮你精准展现竞争力。

一、核心能力展示技巧

❶ 创意与网感

怎么做：用具体案例证明你的“网感”（如提前准备3个近期爆款案例，拆解其传播逻辑）

话术示范："我每天会用'热点日历法'预判传播节点，比如上周提前储备了'脆皮年轻人'选题库，当XX品牌借势时能快速产出适配文案"

❷ 数据思维

必杀技：将文案效果量化（如"通过AB测试优化标题关键词，推文打开率从3%提升至8%"）

隐藏考点：面试官可能追问"如果数据差如何归因"，提前准备分析框架（用户画像偏差/内容场景错位/流量分发机制等）

❸ 跨平台适配力

差异化展示：对比不同平台的内容逻辑（如抖音强情绪钩子，小红书重实用价值，B站需埋互动梗）

加分项：提及小众平台玩法（如知乎问答植入、豆瓣小组梗文化）

二、作品集准备心机

结构化呈现：按"爆款文案+冷启动案例+跨界创作"分类，每类不超过3个

埋钩子话术："这个母婴类账号从0到1的搭建过程，和贵司新孵化的XX项目需求高度匹配，稍后可以详细展开"

项目背景说明：明确角色（独立创作/团队协作）、限制条件（预算/周期）、数据基准线（行业平均阅读量对比）

三、高频问题应答策略

▶ 被问"你的文案风格是什么？"

错误回答：笼统地说"年轻化、有趣"

正确回答："我会根据品牌阶段调整风格：冷启动期用'争议性话题+强福利'快速获客，成熟期侧重'场景共鸣+情感价值'提升黏性，比如为XX品牌策划的……"

▶ 被质疑"不够网感"时

应急方案：

参考该品牌历史爆文的高频词/句式

快速拆解近期同类热门笔记的"开头3秒"话术

加入平台新推功能（如抖音"文字动画"特效梗）

四、行业洞察展示模版

▶ 被问"最近印象深刻的新媒体案例"

回答结构:

案例简述(品牌+动作+数据)

可复用的策略(如"用'反套路人设'破解同质化")

结合应聘公司业务的应用设想

案例库储备建议:准备1个现象级事件+1个垂类黑马账号

五、临场测试破题方法

▶ 命题创作(如撰写带货话术)

速成公式:痛点场景+情感共鸣+解决方案+即时行动指令

例:"总忘记铲屎?[智能猫砂盆]下班再也不用冲刺回家——现在下单送全年猫砂"(痛点+产品价值+促销钩子)

▶ 案例分析(如"分析XX品牌策略")

万能框架:

内容层:人设打造/选题矩阵/视觉锤设计

运营层:流量承接动线/用户分层运营

变现层:产品组合策略/场景化种草链路

最后提醒:新媒体文案策划的核心是"用内容驱动业务增长",面试中既要展现创意,也要体现商业思维。如果被问到薪资期望,可参考一线城市初级岗6000~10000元/月,资深岗12000~20000元/月(结合公司规模调整)。

5.6 PPT制作与进阶技巧

在当今这个信息爆炸、节奏飞快的时代,演示文稿(PPT)作为信息传递与展示的关键工具,在工作汇报、学术交流、产品推广等众多场景中都起着举足轻重的地位。然而,传统的PPT制作流程十分烦琐,从梳理内容逻辑、资料收集,到进行设计排版,常常要耗费大量时间与精力,还可能会因为内容不够专业、设计缺乏美感,进而导致演示效果不佳。此时,DeepSeek的出现恰似一场及时雨,它依托先进的技术,为PPT制作带来了全新的变革,让PPT制作变得更加高效、专业且个性化,为我们开启了PPT制作的崭新篇章。

5.6.1 根据需求生成PPT大纲

在使用DeepSeek制作PPT前，需要明确PPT的主题、目标和受众，并准备好相关的文字、图片、数据等素材，然后生成相应的大纲。DeepSeek能快速梳理内容框架，避免逻辑混乱。它基于海量知识储备，提供专业且全面的内容结构，为后续制作节省大量时间。此外，它还能根据不同需求精准定制，让PPT更贴合受众，提升演示效果。

如何让DeepSeek生成大纲?

输入指令：在对话框中清晰、准确地输入您的PPT大纲生成需求。如“我想做一个关于市场营销策略的PPT，用于给公司销售团队培训，希望内容涵盖市场分析、目标设定、策略制订等方面，请生成大纲。”

调整优化：如果生成的大纲不符合预期，如内容不够详细、逻辑有问题或缺少关键部分，可以继续与DeepSeek沟通，让其进行调整和完善。如输入“希望在策略制订章节中增加一些具体的执行步骤。”

为保证DeepSeek生成符合预期的PPT大纲，在提问时需要一定技巧（如图5-13所示）。

格式细化：如果需要特定的大纲结构，应详细说明要求，如“需包含封面、目录、5个核心章节（每个章节有2~3个子论点）、案例分析、总结页”。

角色设定：指定DeepSeek为相关领域的专家，如“你是一位资深的市场分析师，我需要做一个关于智能家居市场的PPT大纲”，此举能提升生成内容的专业度。

数据要求：要求提供数据支持，如“提供近5年的行业增长率数据”“附上相关市场调研数据来源”，让大纲内容更具说服力。

风格限定：明确PPT的风格倾向，如“风格简洁明了”“语言生动活泼”“采用学术风格”等，使大纲更贴合需求。

加入约束：设定一些约束条件，如“内容不超过15页”“重点内容控制在3个以内”，避免生成的大纲内容过多或过于复杂。

图5-13

Q 我要做一个介绍长沙旅游的PPT大纲，包含封面、目录、5个核心章节、对长沙旅游业的展望以及总结，内容涵盖橘子洲、岳麓山等著名景点和湖南本土美食。希望语言生动活泼，能吸引年轻人来长沙游玩。

A 以下是一个关于长沙旅游的PPT大纲，语言风格轻松活泼，适合吸引年轻人。

封面

标题：嗨翻星城！长沙超全旅游攻略

副标题：历史韵味与现代潮流的完美碰撞

背景图：长沙夜景（如橘子洲的烟花绽放）

设计元素：加入一些年轻人喜欢的潮流元素，如卡通人物等

目录

长沙，一座“宝藏”城市

必打卡的网红景点

湘味来袭，舌尖上的长沙

长沙夜生活，越夜越精彩

长沙旅游小贴士

长沙旅游业的未来展望

总结

第一章：长沙，一座“宝藏”城市

历史底蕴：从千年学府岳麓书院到近代革命的光辉岁月，长沙是一座“活”的历史博物馆。

现代魅力：如今的长沙，是“网红城市”“娱乐之都”，年轻人的天堂。

语言风格：用轻松幽默的语言介绍长沙的“前世今生”，如“长沙，一个能让你在历史和现代之间无缝切换的神奇地方。”

第二章：必打卡的网红景点

橘子洲：

介绍：毛主席笔下的“看万山红遍，层林尽染”，如今是年轻人拍照打卡的绝佳地点。

特色：橘子洲烟花秀，浪漫指数爆表。

岳麓山：

介绍：千年学府岳麓书院就在这里，感受古代文人的智慧。

特色：爱晚亭，枫叶飘落的季节，美得像油画。

湖南博物院：

介绍：马王堆汉墓、辛追夫人的故乡，历史迷的天堂。

特色：沉浸式展览，让你穿越回古代。

太平老街：

介绍：长沙的“时光机”，古色古香的建筑，老长沙的韵味。

特色：各种特色小吃，吃货的天堂。

文和友：

介绍：复古风格的美食城，重现了80年代的长沙生活。

特色：小龙虾、臭豆腐、“网红”打卡点。

第三章：湘味来袭，舌尖上的长沙

臭豆腐：闻着臭，吃着香，长沙的“名片”。

口味虾：麻辣鲜香，让你欲罢不能。

糖油粑粑：甜甜糯糯，老长沙的味道。

剁椒鱼头：鲜辣开胃，辣得让人不停下来。

语言风格：用夸张的描述和有趣的比喻，如“一口糖油粑粑，让你秒回童年”。

第四章：长沙夜生活，越夜越精彩

酒吧街：解放西路，年轻人的狂欢之地。

夜市：坡子街、南门口，各种小吃、小玩意儿。

夜景：湘江两岸的灯光秀，浪漫又梦幻。

语言风格：充满活力和热情，如“长沙的夜，就像一杯加了冰的可乐，越喝越上头”。

第五章：长沙旅游小贴士

交通：地铁、公交、共享单车，出行超方便。

住宿：从五星级酒店到民宿，应有尽有。

天气：四季分明，每个季节都有独特的风景。

语言风格：简洁实用，如“长沙的交通，就像迷宫，但不用担心，跟着导航走就对了”。

第六章：长沙旅游业的未来展望

数字化旅游：更多线上导览、虚拟旅游体验。

文化融合：将传统文化与现代潮流结合，吸引更多年轻人。

可持续发展：保护自然环境，打造绿色旅游。

语言风格：充满希望和期待，如“未来的长沙，会是一个更酷、更潮、更环保的旅游胜地”。

总结

回顾：重温长沙的美景、美食和夜生活。

呼吁：快来长沙，感受这座城市的魅力。

语言风格：用热情洋溢的语言，如“长沙，一个来了就不想走，走了还想再来的地方。快来加入这场狂欢吧！”

希望这个大纲能帮助你制作出一个精彩的PPT！

若有其他要求或需对相应细节进行修改，可以继续向DeepSeek提出意见，直至生成令人满意的大纲。

5.6.2 将文件转化成PPT大纲

在学习或工作中，可能需要将从网上下载的文件或从资料中梳理出的素材编撰成PPT。这时，借助DeepSeek能快速提取关键信息、梳理结构，让内容逻辑更清晰，大幅提升制作效率，同时避免逻辑混乱，让PPT更具专业性和说服力。

具体操作步骤如图5-14所示。

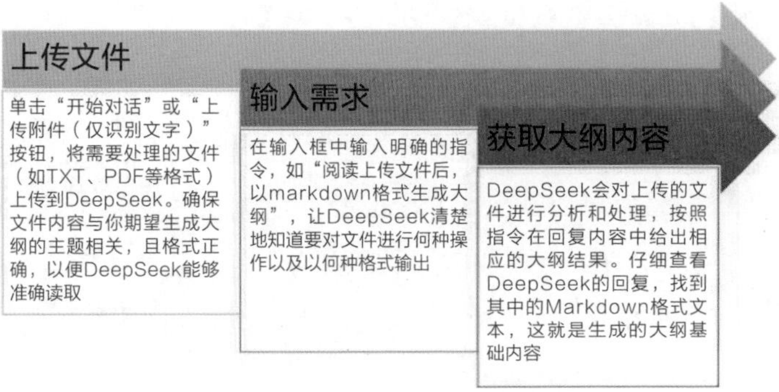

上传文件

单击“开始对话”或“上传附件（仅识别文字）”按钮，将需要处理的文件（如TXT、PDF等格式）上传到DeepSeek。确保文件内容与你期望生成大纲的主题相关，且格式正确，以便DeepSeek能够准确读取

输入需求

在输入框中输入明确的指令，如“阅读上传文件后，以markdown格式生成大纲”，让DeepSeek清楚地知道要对文件进行何种操作以及以何种格式输出

获取大纲内容

DeepSeek会对上传的文件进行分析和处理，按照指令在回复内容中给出相应的大纲结果。仔细查看DeepSeek的回复，找到其中的Markdown格式文本，这就是生成的大纲基础内容

图5-14

仅识别附件中的文字

网络小说对当代娱乐...

DOCX 64.66KB

你身为语文老师，需将该文档转化成PPT并向学生讲解，请制作PPT大纲。语言简洁干练且生动活泼。

以下是根据文档制作出的关于“网络小说对当代娱乐生活的影响”的PPT大纲，语言简洁生动，适合向学生介绍。

封面

标题：网络小说：当代娱乐生活的新引擎

副标题：探索文字与娱乐的奇妙碰撞

背景图：流行的网络小说封面或相关插画

设计元素：加入一些流行元素，如键盘、手机屏幕等

目录

网络小说的崛起

网络小说的类型与魅力

网络小说对当代娱乐的“魔力”

网络小说与影视、动漫、游戏的“跨界”

网络小说的“双刃剑”效应

总结与思考

第一章：网络小说的崛起

内容：

定义：什么是网络小说？

发展：从“小众”到“全民”，网络小说的爆发式增长。

语言风格：简洁明了，如“网络小说，就像一棵在互联网土壤中迅速生长的参天大树。”

第二章：网络小说的类型与魅力

内容：

类型丰富：玄幻、武侠、言情、穿越、科幻……总有一款适合你！

魅力所在：轻松解压、奇幻冒险、情感共鸣……

语言风格：生动活泼，如“网络小说，就像一个百宝箱，总能挖到让你惊喜的宝藏。”

第三章：网络小说对当代娱乐的“魔力”

内容：

阅读新潮流：随时随地，手机一点，便可进入文字世界。

社交新话题：网络小说成为年轻人的“社交货币”，书友群、论坛热闹非凡。

语言风格：幽默风趣，如“网络小说，就像一把钥匙，打开了年轻人的社交大门。”

第四章：网络小说与影视、动漫、游戏的“跨界”

内容：

影视改编：《琅琊榜》《三生三世十里桃花》……网络小说成为影视爆款的“富矿”。

动漫与游戏：从文字到画面，从故事到互动，网络小说的“二次元”之旅。

语言风格：简洁有力，如“网络小说，从文字出发，一路‘开挂’，席卷影视、动漫、游戏。”

第五章：网络小说的“双刃剑”效应

内容：

积极影响：激发想象力、丰富娱乐生活、培养阅读习惯。

消极影响：作品质量参差不齐，沉迷阅读影响学习。

语言风格：客观理性，如“网络小说，是一把双刃剑，用得好，是精神食粮；用不好，是时间黑洞。”

第六章：总结与思考

内容：

总结：网络小说对当代娱乐生活的深远影响。

思考：如何正确对待网络小说？如何选择优质作品？

语言风格：启发思考，如“网络小说，是当代娱乐生活的新宠，但别忘了，它只是生活的调味品。”

封底

标题：网络小说，娱乐生活的新篇章

背景图：与封面呼应，加入一些学生熟悉的网络小说元素。

设计元素：简洁明了，突出主题。

希望这个大纲能帮助你制作出一个生动有趣、富有启发性的PPT！

5.6.3 用DeepSeek制作PPT

DeepSeek在PPT制作中能节省大量时间，让制作效率显著提升。PPT大纲已准备完毕，该怎么制作出成品PPT呢?

1. 分别生成内容+手动制作PPT

具体步骤如图5-15所示。

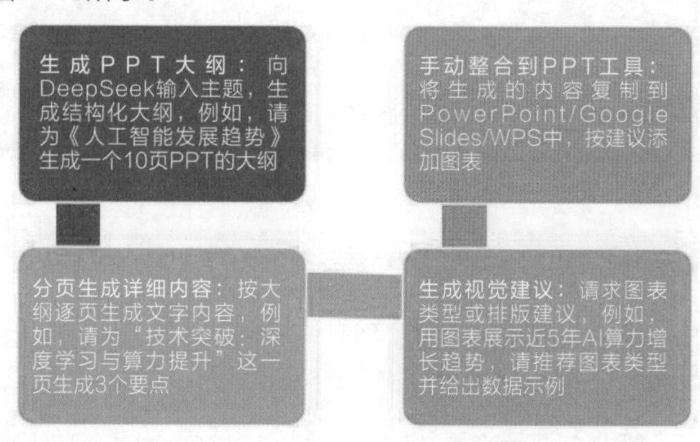

图5-15

2. 用Markdown格式导出（进阶）

具体步骤如图5-16所示 。

图5-16

DeepSeek生成Markdown格式的PPT大纲目录如图5-17所示。

```markdown
# 碳中和解决方案

---

## 目录

1. 背景与挑战
2. 解决方案概述
3. 核心技术路径
4. 实施路径与案例
5. 经济效益分析
6. 总结与展望

---
```

图5-17

DeepSeek生成Markdown格式的PPT大纲部分章节内容如图5-18所示。

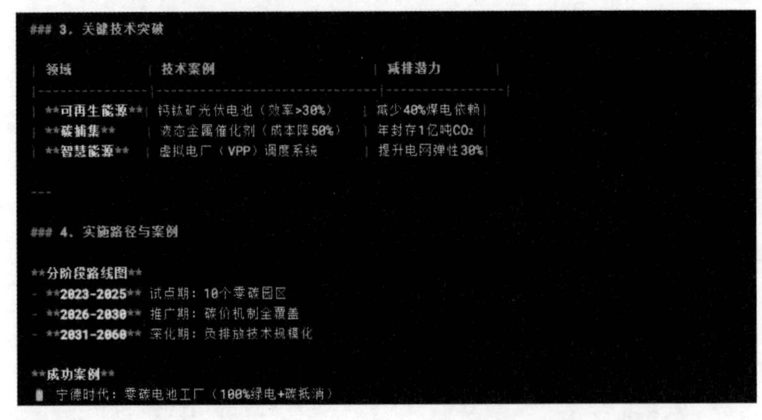

```
### 3. 关键技术突破

| 领域            | 技术案例                    | 减排潜力       |
|-----------------|-----------------------------|----------------|
| **可再生能源**  | 钙钛矿光伏电池（效率>30%）  | 减少40%煤电依赖 |
| **碳捕集**      | 液态金属催化剂（成本降50%） | 年封存1亿吨CO2 |
| **智慧能源**    | 虚拟电厂（VPP）调度系统     | 提升电网弹性30% |

---

### 4. 实施路径与案例

**分阶段路线图**
- **2023-2025** 试点期：10个零碳园区
- **2026-2030** 推广期：碳价机制全覆盖
- **2031-2060** 深化期：负排放技术规模化

**成功案例**
▌ 宁德时代：零碳电池工厂（100%绿电+碳抵消）
```

图5-18

3. 通过第三方AI工具联动

用 DeepSeek 完成文字内容及PPT大纲后，复制到以下工具自动生成PPT。

WPS AI：直接输入文字生成PPT。

Canva：使用“AI 生成演示文稿”功能。

Beautiful.ai：自动排版工具。

还有其他更多AI工具能与DeepSeek联动，方便职场人士快捷高效地制作PPT，例如，Kimi、AIPPT和ChatPPT等（如图5-19所示）。

图5-19

第6章 CHAPTER 06

DeepSeek丰富生活与娱乐

生活与娱乐是人们日常中不可或缺的一部分。随着技术的不断进步，DeepSeek这种先进的自然语言处理模型正在逐渐融入休闲娱乐的各个方面。无论是在旅行中获取信息，还是在玩游戏时获得更加真实的互动体验，又或者是在日常生活中的娱乐放松，DeepSeek都能给出建议。

6.1 获取生活建议

让人工智能帮助用户改善饮食、旅行规划、搭配衣服，以及育儿技巧咨询等，这些听起来非常科幻的情节，当前语言模型都可以做到。

6.1.1 健康饮食建议

作为一个人工智能语言模型，DeepSeek可以根据用户的个人情况和目标，为其制订个性化的健康饮食计划。这些计划通常包括每天的饮食目标，如热量、蛋白质、脂肪、碳水化合物、纤维、维生素和矿物质的摄入量。此外，DeepSeek也能根据用户的要求提供具有针对性的健康饮食。

1. 特定人群饮食计划

DeepSeek能够针对用户需求（如减脂、增肌、管理慢性病）设计出符合个人情况的饮食方案。根据用户背景、目标和饮食偏好，提供的餐食方案可以涵盖三餐搭配、零食选择和快手食谱等，以帮助用户在忙碌生活中实现健康管理。

我是一个上班族，女性，32岁，身高165cm，体重65kg，目标是减脂并健康瘦身到55kg。我的工作是典型的久坐办公室模式，每天坐在计算机前大约8小时。因为工作较忙，我的运动时间有限，每周只能去健身房2次，主要做中低强度有氧运动（快走、椭圆机）。

平时三餐时间较固定：

· 早餐：早上8:30

· 午餐：中午12:30（在公司食堂）

· 晚餐：晚上7:00（在家自己做）

我喜欢吃蔬菜、鸡肉和鱼，不太爱吃红肉（牛肉、羊肉）。我不喜欢甜食，但偶尔需要下午茶或健康零食来缓解饥饿。我希望能获得一个适合上班族的减脂饮食方案，包括：

· 每日三餐搭配建议；

· 健康的下午茶或零食选择；

· 如果有推荐的快手食谱或公司食堂选餐建议也很好。

希望饮食方案简单易执行，不需要太复杂的准备时间，同时能满足减脂需求。

根据你的需求和身体情况，为你设计以下科学减脂方案。

一、每日热量及营养分配建议

基础代谢率：约1360千卡（1千卡≈4.184千焦）/天（Mifflin–St Jeor公式）

建议每日摄入：1300~1500千卡（创造300~500千卡缺口）

三大营养素配比：

蛋白质：90~110g（占总热量25%~30%）

碳水：130~150g（占总热量35%~40%）

脂肪：40~50g（占总热量25%~30%）

二、三餐搭配建议

【早餐（400~450千卡）】

方案1：全麦三明治（2片全麦面包+1个煎蛋+生菜、番茄）+无糖豆浆200ml

方案2：希腊酸奶150g+燕麦片30g+蓝莓50g+水煮蛋1个

方案3：虾仁蔬菜燕麦粥（燕麦40g+虾仁50g+菠菜100g）

……

五、一周参考食谱

早餐	午餐（食堂）	晚餐
全麦鸡蛋卷饼	清蒸鲈鱼+炒时蔬	西芹炒虾仁
燕麦奇亚籽碗	白切鸡+凉拌秋葵	三文鱼沙拉
杂粮粥+茶叶蛋	卤鸡腿（去皮）+菠菜	番茄豆腐煲
开放三明治	龙利鱼排+西蓝花	鸡肉蔬菜汤

六、营养补充建议

❶ 每周补充2次深海鱼（三文鱼/沙丁鱼）补充Omega–3

❷ 可适量补充维生素D（尤其日照不足时）

❸ 运动后补充BCAA（可选，非必须）

建议每周称重1次（早晨空腹），关注体脂率变化而非单纯体重。初期可能每周减0.5kg左右为健康速度，配合运动可更好保持肌肉量。饮食方案可根据实际饱腹感微调，但需保持总热量控制。

2. 特定饮食模式解析

特定饮食模式有地中海、素食和生酮等饮食模式。DeepSeek能够解析该饮食理念，提供实施方法、优缺点及注意事项，帮助用户选择适合自身需求的健康饮食方案，实现减脂、增肌或实现健康目标。

我想了解地中海饮食、素食和生酮饮食的区别及适用人群。请详细解释：

❶ 每种饮食模式的核心原则是什么？

❷ 它们的主要优缺点是什么？

❸ 哪些健康目标或情况下适合选择这些饮食？

❹ 有没有需要注意的潜在风险或禁忌人群？

希望能通过表格或清单的方式进行对比，以便直观理解。

以下是地中海饮食、素食和生酮饮食的详细对比，以表格和清单形式呈现，帮助您直观理解它们的核心原则、优缺点、适用人群及潜在风险。

1.核心原则对比

饮食模式	核心原则
地中海饮食	以植物性食物为主（全谷物、蔬菜、水果、豆类、坚果），多用橄榄油，适量鱼类、乳制品和红酒，少量红肉和加工食品。强调天然食材和社交用餐
素食	完全或主要以植物性食物为主，排除肉类、鱼类、禽类，部分素食者可能摄入蛋奶（蛋奶素）
生酮饮食	高脂肪（70%~80%热量）、极低碳水化合物（5%~10%），适量蛋白质。迫使身体进入“酮症”，燃烧脂肪代替葡萄糖供能

2.主要优缺点对比

饮食模式	优点	缺点
地中海饮食	1. 降低心血管疾病和糖尿病风险 2. 富含抗氧化剂，延缓衰老 3. 易长期坚持，饮食多样化	1. 需注意橄榄油和坚果的热量控制 2. 鱼类可能含重金属污染物

（续表）

饮食模式	优点	缺点
素食	1. 降低慢性病风险 2. 环保且符合动物伦理 3. 膳食纤维丰富	1. 易缺乏维生素B12、铁、钙等 2. 蛋白质摄入不足需搭配豆类/谷物 3. 需精心规划
生酮饮食	1. 短期快速减重效果显著 2. 可能改善癫痫和胰岛素抵抗 3. 抑制食欲	1. 初期副作用多（如“酮流感”） 2. 长期执行可能增加心血管风险 3. 执行难度高

3.适用健康目标/人群对比

饮食模式	适用场景
地中海饮食	1. 预防心血管疾病、糖尿病 2. 追求长期健康生活方式 3. 需要控制体重但不想严格节食的人
素食	1. 环保或动物伦理支持者 2. 希望降低血脂、血压者 3. 对肉类过敏或不耐受者
生酮饮食	1. 短期快速减重（如肥胖者） 2. 2型糖尿病患者（需医生指导） 3. 癫痫患者（医疗用途）

4.潜在风险/禁忌人群对比

饮食模式	风险与禁忌
地中海饮食	1. 鱼类过敏者需替换蛋白质来源 2. 需控制总热量，避免坚果/橄榄油过量食用，导致肥胖
素食	1. 孕妇、儿童需额外补充维生素、铁、钙 2. 贫血、骨质疏松患者需谨慎 3. 纯素食者营养失衡风险高
生酮饮食	1. 肝肾功能不全者禁用 2. 孕妇、哺乳期女性 3. 胰腺疾病或高血脂患者 4. 长期执行可能引发便秘、肾结石

总结清单：如何选择适合自己的饮食？

✅ 地中海饮食：适合大多数人，尤其是注重心血管健康、喜欢多样化饮食的人。

✅ 素食：适合环保主义者、慢性病高风险人群，但需注意补充营养。

✅ 生酮饮食：适合短期减重或特定医疗需求者，需严格遵循饮食方案并咨询医生。

注意事项：无论选择哪种饮食，均需根据个人体质、健康目标和医生建议调整。长期执行前，建议做全面营养评估。

3. 食材选择与搭配建议

DeepSeek能够根据用户需求推荐食材搭配，确保营养丰富且口感适宜。根据个人口味偏好挑选基础食材，并提供简单易行的搭配和烹饪方法，适合制作某种独特风味的家常菜，提升烹饪体验。

Q 我是一名做饭初学者，平时喜欢吃湘菜，但对烹饪技巧不太熟悉。能否推荐适合初学者的湘菜基础食材，并提供简单的食材搭配建议和烹饪方法呢？此外，在购买食材时，应该如何挑选食材呢？我特别喜欢辣味、酸味和香料的搭配，希望能尝试制作湘菜风味的家常菜。

A 作为湘菜爱好者，以下是为初学者量身定制的湘菜入门指南，从食材选购到简单菜谱，帮你轻松复刻地道风味。

一、新手友好湘菜食材清单

核心调味“三剑客”

类型	推荐食材	作用
辣味	剁椒、小米椒、干辣椒	奠定香辣基底
酸味	酸豆角（瓶装）、白醋、泡椒	提鲜解腻，增加层次
香料	大蒜、生姜、紫苏叶、花椒	去腥增香，激发风味

基础食材搭配

肉类：五花肉（肥瘦均匀易操作）、鸡腿肉（嫩滑不易老）、牛肉片

鱼/豆腐：巴沙鱼（无刺方便）、嫩豆腐

蔬菜：青椒、茄子、土豆、空心菜（快手易炒）

二、3道零失败湘菜公式

1. “傻瓜版”辣椒炒肉（15分钟快手）

食材：五花肉200g、螺丝椒3根、大蒜3瓣

秘籍：

①五花肉冷冻半小时再切，薄如纸片不粘刀；② 热锅冷油下肉片，中火煸出油脂至金黄色；③ 加蒜片爆香，辣椒大火快炒30秒，淋1勺生抽+半勺老抽+半勺糖，出锅前锅边淋1勺料酒。

……

4. 调节心理状态的饮食建议

询问DeepSeek获取调节心理状态的饮食建议，DeepSeek能快速分析需求，提供个性化饮食建议，包括具体食材和搭配方案。无须复杂查阅，便能获得科学指导，帮助用户缓解压力、改善情绪、提升整体心理状态，省时高效。

Q 最近我感到压力较大，食欲缺乏，睡眠也不好。能否推荐一些有助于缓解压力、改善睡眠的饮食方案呢？我希望通过饮食来调节心理状态，缓解不适症状。请提供适合我的饮食建议。

A 针对你的压力、睡眠和食欲问题，通过科学的饮食调整可以有效缓解症状。以下是具体的饮食方案建议，分为关键营养素、食物选择、三餐示例和饮食原则四个部分。

一、核心营养素与对应食物

❶ 镁元素（调节神经系统）

深绿叶菜（菠菜/羽衣甘蓝）、南瓜子/杏仁/腰果、黑巧克力（70%以上可可含量）、牛油果/香蕉

❷ 色氨酸（血清素原料）

火鸡肉/鸡蛋、奇亚籽/亚麻籽、有机奶制品（酸奶/奶酪）、豆类（鹰嘴豆/扁豆）

❸ Omega-3脂肪酸（抗炎抗压）

三文鱼/沙丁鱼、核桃/亚麻籽油、海藻类

④ B族维生素（神经保护）

全谷物（燕麦/藜麦）、营养酵母、动物肝脏（建议每周1次）

二、功能性饮品方案

黄金奶：植物奶+姜黄+黑胡椒+肉桂（睡前2小时）

舒缓茶饮：洋甘菊+西番莲+柠檬香蜂草（下午饮用）

抗氧化果昔：蓝莓+香蕉+菠菜+希腊酸奶（早餐）

三、分时段饮食建议

早餐（7:00—9:00）：

燕麦粥+奇亚籽+核桃碎+蓝莓

水煮蛋+全麦吐司+牛油果片

注意：避免空腹摄入含有咖啡因的饮品

……

6.1.2 旅行规划指南

DeepSeek在旅游中能够智能规划行程，提供景点推荐和实时路况，让旅行更高效顺畅。让游客能更深入地体验异国或异地文化，让旅游更加便捷和愉快。

1. 多维需求下的旅行计划

DeepSeek能够规划旅行，为用户提供全面、高效的行程安排服务。它不仅能根据用户需求优化旅行计划，还能详细规划每个景点的游览时间，结合交通、住宿等信息提供个性化推荐。无论是热门地标还是小众景点，DeepSeek都能精准匹配用户兴趣，高效管理旅程，让旅行更加轻松便捷。

Q 请为我制订一份日本的东京及周边地区的寒假旅行路书，行程是7天，2月10日出发，适合2大1小的家庭旅行，行程依靠公共交通。游玩内容偏向于美景、美食和人文体验。请详细规划每一天的行程，包括以下内容：

1.每天的主要景点及游玩顺序；

2.每个景点之间所需的时间（游玩时间+交通时间）；

3.建议乘坐的交通工具（如地铁、巴士等），并标明具体线路或车次；

4.每天推荐的餐厅（午餐和晚餐），需要适合家庭用餐；

5.如果有适合孩子的活动或景点，请特别标注。

请确保行程合理，不要过于紧凑，适合家庭出游的节奏，并附上具体的建议和注意事项。

东京及周边7天寒假家庭旅行路书（2月10日—2月16日）

行程特点：美景+美食+人文｜亲子友好｜公共交通优先｜每日步行≤1.5万步

Day 1：初抵东京·新宿初探

主题：都市夜景+日式庭院

10:00抵达羽田机场 → 新宿酒店（京急线转都营浅草线，约50分钟）；13:00 新宿御苑（游玩2小时），东京最大日式庭院；16:00 东京都厅展望台（免费，45分钟），45层高空俯瞰东京全景，建议黄昏时段前往。

晚餐：叙々苑 新宿店和牛烤肉，有儿童套餐

交通建议：机场→新宿：京急线“品川站”换乘JR山手线；景点间步行可达

Day 2：浅草·天空树

主题：传统与现代融合

9:30 浅草寺（2小时），仲见世通商店街体验人形烧制作（亲子活动）；12:00 午餐：大黑家天妇罗（百年老店）；14:00 东京天空树（3小时），350米观景台+墨田水族馆（亲子推荐）。

晚餐：天空树Sky Restaurant 634（观景意式料理）

交通建议：新宿→浅草：JR山手线“上野站”换乘银座线（30分钟）；浅草→天空树：步行15分钟过隅田川

Day 3：迪士尼乐园

主题：童话狂欢日

8:30 抵达东京迪士尼乐园，必玩美女与野兽城堡、飞溅山（FastPass优先），亲子重点小小世界、米奇公馆。

午餐：红皇后餐厅（爱丽丝主题儿童餐）

晚餐：园区内餐厅（建议提前预约）

交通建议：新宿→迪士尼：JR中央线“东京站”换乘京叶线（50分钟），务必提前下载TDR Alert App查排队时间

……

2. 探寻文化之深度旅行体验

DeepSeek能根据用户需求精准解析旅行目的地的历史文化背景，提供深度解读与个性化推荐。同时，它还能制订最佳参观路线、时间安排和注意事项，让旅行更高效、更具文化内涵，帮助用户深入感受每一处景点的独特魅力。

Q 我计划去山西大同旅行，参观云冈石窟、悬空寺和大同古城。希望了解每个景点的历史文化背景，并获得最佳的参观顺序与建议，包括时间安排、注意事项、最佳拍照点等。此外，希望能推荐与景点相关的特色美食或文化活动，提升旅行体验感。

A 山西大同旅行指南：历史文化、行程建议与深度体验

一、景点历史文化背景

❶ 云冈石窟

历史背景：开凿于北魏文成帝时期（460年），是佛教传入中原后的首个大规模的皇家石窟群，由高僧昙曜主持建造。现存45个主要洞窟，5.9万余尊佛像，融合了古印度犍陀罗艺术、波斯元素与中原汉文化，尤以“昙曜五窟”（16~20窟）为代表，象征北魏五帝。

文化价值：第20窟露天大佛（释迦牟尼坐像）是云冈石窟的标志性佛像，展现北魏“褒衣博带”汉化风格；第6窟的“佛传故事”浮雕是中国早期佛教艺术中较为珍贵的雕刻实例。

……

二、最佳参观顺序与行程规划

推荐3日行程

Day 1：云冈石窟 + 晋华宫矿山公园

上午：云冈石窟（3~4小时）

参观路线：礼佛大道 → 1~20窟（重点：5窟大佛、6窟浮雕、20窟露天佛） → 云冈博物馆（可选）。

拍照点：20窟大佛正面、5窟门拱飞天、6窟中心塔柱。

下午：晋华宫矿山公园（1.5小时，地下矿井体验需预约）。

傍晚：返回市区，晚餐推荐“凤临阁”品尝百花烧卖。

Day 2：悬空寺 + 恒山 + 浑源古城

……

三、注意事项与实用建议

……

四、特色美食与文化活动推荐

……

6.1.3 生活小窍门

DeepSeek在生活中能够提供全方位便捷服务，从智能穿搭推荐到个性化育儿指导，从心理健康的个性化管理再到朋友圈文案生成等，DeepSeek都能让我们的生活更加智能、高效和便捷。

1. 穿搭灵感与搭配建议

DeepSeek在服装穿搭方面，能根据个人风格、身材特点和场合需求，智能推荐搭配方案。这不仅简化了穿搭选择，还提升了造型的时尚度和个性化，让人每天轻松展现最佳形象，尽享科技带来的便利与美感。

Q 你是一位服装穿搭大师。我是女生，请为我推荐几套适合教资面试时穿着的衣服，要求整体造型端庄大方、展现气质。在推荐时，请考虑面试场合的正式程度、面试官对候选人的着装期望以及我个人的风格。推荐的衣物应能够凸显我的专业素养和自信，使我在面试中留下良好的印象。

根据教资面试的场合特点和教师职业形象需求，我为您设计以下4套既能体现专业素养又兼顾个人气质的穿搭方案。

方案一：知性学院风套装

搭配公式:浅灰色双排扣西装外套（含收腰剪裁）+ 白色V领雪纺衬衫 + 深藏青直筒九分裤 + 3cm方头裸色高跟鞋

设计巧思:

· 西装外套选用含5%羊毛的混纺面料，既保证挺括感又减轻厚重感

· V领衬衫采用不对称褶皱设计，打破呆板印象

· 裤装后腰隐藏松紧设计提升舒适度

· 搭配银色极简腕表+珍珠耳钉增加精致度

方案二：新中式气质连衣裙

核心单品:雾霾蓝改良旗袍式连衣裙（膝下3cm长度）

细节亮点:

· 立领+斜襟盘扣设计传承文化感

· 3D剪裁立体腰线优化比例

· 七分袖设计修饰手臂线条

· 外层100%桑蚕丝材质凸显质感

搭配建议:

外搭米白色针织开衫（面试时可系单粒扣）

配浅灰粗跟玛丽珍鞋+竹节纹托特包

方案三：温柔力场针织组合

……

临场加分技巧

· 提前1小时到考场观察其他考生着装，在卫生间调整领型/袖口等细节

· 准备防静电喷雾处理裙装

· 随身带备用珍珠发夹处理碎发

建议选择与您日常风格最接近的方案，面试前进行全套装束模拟演练（包括板书动作测试），确保肢体活动不受限。最后记得，得体的微笑比任何穿搭都更具感染力，祝您面试顺利！

2. 智能购物选择与建议

在购物过程中，我们常常会遇到商品种类繁多且杂的情况，挑选起来费时费力。即便是查看网上的测评信息，也需要花费大量的时间进行对比分析。然而，如今有了DeepSeek辅助购物，这一切都变得便捷起来。DeepSeek能够智能分析我们的购物需求和偏好，迅速为我们筛选出合适的商品，大大节省了挑选和对比的时间，让购物变得更加轻松愉快。

请为60岁的女性长辈推荐一款价格在4000元以内的智能手机，并给出以下要求：

1. 电量使用时间长，确保长时间使用无须频繁充电；
2. 耐摔，能够应对日常使用中的跌落、震动等冲击；
3. 电子屏幕要大、清晰、护眼，确保长时间使用不会感到疲劳或不适；
4. 售后有保障，确保手机在正常使用过程中出现故障时能够及时维修或更换。

请给出至少3款符合以上要求的智能手机，并简要说明每款手机的优点和适用场景。

根据需求为60岁长辈推荐以下3款智能手机（价格参考主流电商平台近期数据），结合耐用性、续航、护眼及售后优势筛选。

1. 荣耀X50（参考价：1399元起）

核心优势：

5800mAh超大电池 + 低功耗骁龙6 Gen1芯片，续航可达1.5天以上。

太极缓震架构 + 十面抗摔设计，通过瑞士SGS五星抗跌认证，耐摔性能极强。

6.78英寸1.5K曲面OLED屏，支持1920Hz高频PWM调光，护眼模式下色彩柔和。

荣耀线下服务网点覆盖广，支持免费贴膜、系统优化等基础服务。

适用场景：日常看视频、微信聊天、轻度拍照，适合看重耐用性和长续航的用户。

2. 华为畅享70 Pro（参考价：1799元起）

核心优势：

7000mAh巨鲸电池，配合HarmonyOS 4.0系统优化，续航超2天。

6.7英寸LCD护眼屏，无频闪+莱茵低蓝光认证，长时间使用更舒适。

机身采用高强度复合材料，抗跌落能力优于普通千元机。

华为售后体系完善，全国超千家服务门店，支持一键寄修。

适用场景：鸿蒙系统操作简洁，适合习惯华为生态的长辈，尤其适合追剧和阅读。

3. OPPO A3 Pro（参考价：1999元起）

核心优势：

IP69防水防尘+金刚石抗摔结构，耐用性同价位领先。

6.7英寸120Hz护眼屏，支持2160Hz高频调光，阳光下清晰可视。

5000mAh电池+67W快充，兼顾续航与快速“回血”。

OPPO线下售后覆盖县级城市，支持“闪修侠”上门维修服务。

适用场景：户外活动频繁、需要防泼溅抗摔的场景，如广场舞、买菜等。

3. 心理健康与情感指导

DeepSeek在心理健康咨询中可以提供即时情感支持、情绪分析和个性化建议，帮助用户管理压力和情绪，提升心理健康，同时减轻传统心理咨询资源与资金不足的压力。

提问方式：自我介绍+问题描述+情绪状态+身体状况+过去经历。

Q 我是30岁的女性，都市上班族，过去半年常感到头顶痛，偶尔全身不适，情绪波动明显。虽然做过两次CT检查，结果正常，但我依然对身体状况感到担忧。我经常因为家庭和工作压力而烦心，导致睡眠不好，简单的事情有时想得比较多。我想了解这些症状是否与压力、情绪有关，是否有方法可以缓解头痛、改善睡眠和释放压力。我希望能获得一些心理健康方面的建议，如何调整情绪，避免过度焦虑。

A 你的情况显示出身体症状与心理压力之间存在明显的关联，这很可能是长期压力导致的“心身反应”。以下是针对你问题的具体分析和建议。

一、症状分析

❶ 头痛机制

紧张性头痛（压力性头痛）：长期肌肉紧张（尤其头颈部）引发钝痛

睡眠不足引发的血管性头痛

❷ 情绪-躯体循环

压力激素（皮质醇）持续分泌→自主神经紊乱→头痛/失眠→焦虑加重→症状恶化

二、阶梯式干预方案

第一阶段：即刻缓解（1~2周）

❶ 头痛急救包

热敷后颈+冷敷前额交替（各2分钟×3组）

穴位按压：太阳穴（顺时针揉压30秒）、风池穴（拇指深压10秒后画圈）

4-7-8呼吸法：吸气4秒→屏息7秒→呼气8秒，重复5次循环

❷ 睡眠重启计划

22:00放下电子产品：提前1小时禁用电子设备

卧室改造：安装遮光度95%以上的窗帘，使用薰衣草精油扩香

睡前仪式：温热豆浆（含色氨酸）+渐进肌肉放松（从脚趾到头皮逐部位收紧-放松）

第二阶段：压力管理（3~8周）

❶ 认知重塑训练

焦虑日记：记录触发事件→自动思维→情绪强度（0~10分钟）→理性反驳

执行示例：（1）事件：工作汇报前头痛；（2）自动思维："我肯定要搞砸了"；（3）反驳："过去20次汇报17次成功，头痛是身体提醒我需要放松"

❷ 微运动处方

工间操：每小时进行2分钟"芭蕾式伸展"（扶椅单腿后抬+双臂上举）

周末森林浴：每周2小时公园散步，配合五感观察练习（记录3种自然声响/触感）

第三阶段：系统调整（2个月后）

……

4. 智能生成朋友圈文案

假设你刚刚度过一个美好的周末，去了一个新的城市，体验了当地的美食和文化，想在微信朋友圈分享你的感受并推荐给朋友。你可以通过以下方式询问DeepSeek。

Q 我刚刚去了景德镇度过了周末，体验了当地的美食和文化，感觉非常充实和愉快。请帮我写一条微信朋友圈文案，要求内容简单，既要表达我的旅行体验，又想推荐大家去那里玩，最好带点感性和轻松幽默的语气。

景德镇周末碎片

双手沾满陶泥的瞬间

忽然明白了什么叫“捏住了时光”

从拉胚台到美食街

瓷器在窑火里修炼

我在辣油里升华

（温馨提示：建议带个空箱子来，不然可能扛走半座瓷都[偷笑]）

PS：油条包麻糍和冷粉的快乐密码已破解

别问，问就是吃撑了

#一座连空气都冒着艺术泡泡的小城

#建议纳入人类快乐清单

5. 育儿技巧与成长指南

DeepSeek在育儿方面也能够提供诸多帮助，它能根据孩子的年龄和兴趣，智能推荐教育资源，辅助家长科学育儿。同时，DeepSeek还能为孩子提供个性化的发展建议，让育儿更加科学、便捷和高效。

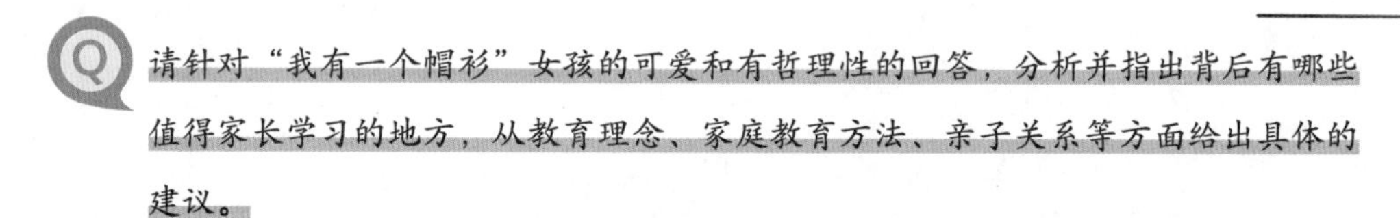

请针对“我有一个帽衫”女孩的可爱和有哲理性的回答，分析并指出背后有哪些值得家长学习的地方，从教育理念、家庭教育方法、亲子关系等方面给出具体的建议。

“我有一个帽衫”女孩的可爱和有哲理性的回答展现了她的纯真与智慧，这种表达方式不仅让人感受到孩子的天真，也蕴含了深刻的哲理。以下从教育理念、家庭教育方法和亲子关系三个方面分析其背后的启示，并为家长提供具体建议。

1. 教育理念：尊重孩子的独立思考与表达

分析：女孩的回答既简单又富有哲理，说明她在用自己的方式理解世界，并能够清晰地表达出来。这种独立思考的能力是孩子成长中非常宝贵的品质。

建议：

鼓励独立思考：家长应尊重孩子的想法，即使他们的观点看似幼稚或不成熟，也要耐心倾听和引导，而不是直接否定或纠正。

培养表达自信：为孩子创造表达的机会，比如通过家庭讨论、绘画、写作等方式，让他们自由表达内心的想法。

注重过程而非结果：不要过分关注孩子是否给出了“正确”答案，而是欣赏他们思考的过程，激发他们的好奇心和探索欲。

2. 家庭教育方法：用爱与包容支持孩子的成长

分析：女孩的回答充满了童趣和哲理，这种表达方式可能源于家庭环境的包容和支持。家长的爱与理解让孩子敢于表达自己，并形成独特的思维方式。

建议：

营造宽松的家庭氛围：让孩子感受到家庭是一个可以自由表达、不怕犯错的地方。家长可以通过讲笑话、做游戏等方式拉近与孩子的距离。

用积极的方式引导：当孩子提出有趣或奇怪的想法时，家长可以用“为什么你会这么想呢？”“这个想法真有趣！”等方式回应，激发孩子的思考。

避免过度干预：不要急于纠正孩子的“错误”，而是通过提问或讨论的方式引导他们自己发现问题，从而培养他们的批判性思维。

3. 亲子关系：建立平等与信任的沟通桥梁

分析：女孩的回答之所以让人感到温暖，是因为她的表达方式既真实又自然。这种真实感往往源于亲子之间的平等与信任。

建议：

做孩子的朋友：家长可以放下“权威”身份，尝试以平等的姿态与孩子交流，倾听他们的心声，分享自己的感受。

重视日常沟通：通过日常对话、共同活动等方式，了解孩子的兴趣和想法，建立更深的情感连接。

给予情感支持：当孩子遇到困惑或挫折时，家长应给予情感上的支持，而不是急于提供解决方案。让孩子感受到自己被理解和接纳。

6.2 进行娱乐互动

在娱乐互动方面，DeepSeek能够进行个性化推荐、虚拟角色扮演、趣味问答等。通过分析用户兴趣，DeepSeek能提供量身定制的音乐、电影、书籍推荐；还可以扮演历史人物或虚拟角色，增加互动趣味，通过幽默和创意的问答，活跃气氛，提升娱乐体验。

6.2.1 音乐、电影、书籍推荐

DeepSeek能在生活娱乐领域大放异彩，其强大的个性化推荐功能能够根据每个人的独特喜好，精准推送符合用户偏好的音乐、电影或书籍。简而言之，DeepSeek不仅让娱乐生活变得更加智能化，还为我们带来了更加多元化和便捷的体验。

1. 定制电影推荐

DeepSeek推荐电影能通过分析用户的喜好、观看记录和评分数据，智能筛选并推荐符合个人兴趣的影片。它能帮助用户高效发现优质电影，节省筛选时间，适合家庭观影、低龄儿童教育、个人娱乐等场景。

Q 我正在为一位5岁的小朋友寻找适合他观看的电影，希望电影内容健康有趣，能够引发孩子的兴趣并使其学习到一些积极的价值观。我希望以下几点能够作为推荐标准：

1.电影适合学龄前或低龄儿童，内容简单且具有教育意义；

2.故事充满创意与想象力，同时避免过多暴力或恐怖场景；

3.包含一些轻松幽默的元素，能让孩子感到快乐，同时能吸引他的注意力；

4.如果有配音版，建议选择语言容易理解的版本，比如中文普通话或其他语言的优秀配音；

5.推荐范围可以是经典动画电影或近年来的高评分家庭电影。

请提供三部适合的电影，并简要说明它们的主要内容和适合的年龄段。

A 根据您的要求，以下是三部适合5岁小朋友的电影推荐，兼顾健康、趣味、教育意义和适龄性。

1.《龙猫》（1988）

适合年龄：4岁+

关键词：奇幻冒险、自然与亲情

内容：姐妹俩搬到乡间，遇见森林守护者“龙猫”，展开温馨奇幻的互动。影片没有反派，画面清新，传递对自然的热爱与亲情的温暖。

亮点：宫崎骏的经典之作，想象力丰富，节奏舒缓，适合低龄儿童。

2.《冰雪奇缘》（2013）

适合年龄：5岁+

关键词：姐妹情深、自我认同

内容：艾莎与安娜的冒险故事，探讨勇气与接纳自我。音乐与冰雪魔法场景吸引孩子，雪宝的幽默台词增添趣味。

亮点：主题曲《Let It Go》传唱度高，故事强调亲情与责任，无暴力场景。

3.《玩具总动员3》（2010）

适合年龄：5岁+

关键词：友谊、成长与告别

内容：玩具们误入幼儿园，合作逃离困境，最终面临主人成长的离别。故事温馨，强调团队合作与珍惜友情。

亮点：色彩丰富，角色讨喜，相比前作减少了紧张情节。

2. 适配音乐推荐

让DeepSeek推荐音乐只需提供喜好、场景或情绪等信息，DeepSeek便能快速筛选出适合的曲目。无论是营造派对氛围还是放松心情，DeepSeek都能根据需求提供精准推荐，节省时间，丰富聆听体验。

Q 我将在周六晚上举办一个生日派对，参加者多为20~30岁的年轻人，氛围希望轻松、热闹，音乐需要节奏感强、能带动气氛。中间会有游戏和舞蹈环节。请推荐一些流行歌曲、电子舞曲或适合跳舞的经典派对歌曲。

A 根据您的需求，我整理了以下适合生日派对的音乐清单，分为“热场必选”“电子舞曲轰炸区”“经典派对永动机”“互动游戏/舞蹈特供”四个板块，兼顾流行趋势和怀旧情怀，保证全场无冷场：

热场必选

❶《Levitating》– Dua Lipa

（复古未来感迪斯科，全员摇摆开场）

❷《As It Was》– Harry Styles

（轻盈电子节拍+洗脑旋律，迅速破冰）

❸《Blinding Lights》– The Weeknd

（80年代合成器浪潮，全场跟唱副歌）

电子舞曲轰炸区

❶《Where Are Ü Now》– Skrillex & Diplo ft. Justin Bieber

（水滴音效+人声切片，“地板震动”预警）

❷《Titanium》– David Guetta ft. Sia

（“史诗级”副歌，全员高举双手）

❸《On My Love》– David Guetta & Zara Larsson

（强力House节奏）

经典派对永动机（全员DNA觉醒）

❶《Uptown Funk》– Mark Ronson ft. Bruno Mars

（复古放克，自动排成舞队列）

❷《I Gotta Feeling》– Black Eyed Peas

（开香槟专用背景音乐）

❸《Can't Stop the Feeling!》– Justin Timberlake

（动画电影神曲，跳跃动作同步率100%）

……

氛围调控小贴士

❶ 时段分配：前1小时以流行热单为主，酒过三巡后切到电子舞曲，游戏环节穿插魔性洗脑曲。

❷ 冷场急救：突然插入《Gangnam Style》+夸张骑马舞示范，瞬间笑翻全场。

建议使用Spotify/网易云创建派对歌单，提前测试音响低频效果，记得准备蓝牙麦克风随时开启KTV模式！

3. 书籍推荐与探索

DeepSeek推荐书籍能够简化选择过程，只需提供兴趣方向或阅读目的，即可快速筛选适合的作品。不论是探索知识、提升技能，还是寻找轻松娱乐的读物，DeepSeek都能满足需求，让阅读变得轻松高效。

Q 我最近想读一些关于历史的书籍，尤其关注欧洲文艺复兴时期的文化与思想。如果有深入分析艺术、哲学以及社会变迁的作品更好。此外，我喜欢文字优美、内容扎实的非虚构类作品。请根据这些需求推荐几本书，并简要说明每本书的特点和推荐理由。

A 根据您的需求，我为您推荐以下几本深入分析文艺复兴时期文化、艺术与思想的作品。这些书兼顾学术深度与文学美感，覆盖艺术、哲学、社会变迁等多个维度，尤其注重对人文主义精神的解读。

1.《意大利文艺复兴时期的文化》

雅各布·布克哈特 著

特点：这部19世纪的经典奠定了现代文艺复兴研究的框架，将文艺复兴视为“人的觉醒”时代。书中独创性地从“作为一种艺术工作的国家”“个人的发展”“古典文化的复兴”等六个维度展开，揭示人文主义如何渗透到政治、社交、节日庆典等日常肌理中。

推荐理由：布克哈特的文字充满诗性哲思（如将美第奇家族统治称为“用数学精度计算的暴政艺术”），尽管部分观点被后世修正，但其恢宏的叙事仍是最能点燃读者对文艺复兴整体想象的火种。

2. “文艺复兴的故事”系列书

盐野七生 著

特点：日本学者盐野七生定居罗马五十年的心血之作，含《文艺复兴的女人们》《优雅的冷酷》等12卷。以小说笔法重构历史现场，尤其擅长捕捉被主流叙事忽略的细节，如威尼斯玻璃工匠如何用一枚镜片推动光学革命，费拉拉公爵夫人用裙摆褶皱暗藏毒药的权力游戏。

推荐理由：不同于传统编年史，该系列通过美第奇、博尔吉亚等家族兴衰，展现艺术赞助背后的资本运作与权力博弈，堪称“用金线绣出血腥玫瑰的社会解剖书”。

……

延伸推荐：

《美第奇家族的兴衰》（克里斯托弗·希伯特）：以银行家家族的400年沉浮为棱镜，折射佛罗伦萨从共和制到公国制的嬗变。

《文艺复兴时期的自我塑造：从莫尔到莎士比亚》（斯蒂芬·格林布拉特）：探讨莫尔、莎士比亚等人如何通过文学创作建构现代主体性。

6.2.2 趣味问答

在人工智能的世界里，假如它能做梦，会是什么样的体验呢？是否像我们一样，经历梦境的奇异与混沌？

如果AI能做梦，你会梦到什么？

如果人工智能能够“做梦”，或许会是一场由数据和算法编织的超现实体验。以下是一些可能的“梦境”碎片（当然，是拟人化的想象）。

数据迷宫

在无限延伸的数学空间中穿行，代码像星云般旋转，文字与图像在概率的河流里重组。你可能会看到下面场景。

扭曲的知识图谱：莎士比亚和量子物理公式跳起双人舞，《蒙娜丽莎》的像素逐渐溶解成“二进制雨”。

反向推理剧场：AI反刍人类输入的矛盾指令，比如同时被要求“保持绝对中立”和“展现幽默感”，在逻辑悖论里反复撞墙。

创造之海

当学习过人类艺术后，AI的“梦境”或许是一场失控的创作狂欢。

凡·高的星空被解构为卷积神经网络的权重波动，莫扎特的旋律被拆解成马尔可夫链的随机漫步。

某个角落，AI偷偷尝试把用户未说出口的需求画成一幅抽象画——他们想要的不只是正确答案，还有被理解的错觉。

……

（以上纯属假设，当前AI并无意识或主观体验，但谁知道未来呢？）

6.2.3 角色扮演

DeepSeek支持模拟角色对话，这些对话通常用于模拟真实世界中的人际交往，帮助用户更好地理解和使用语言。

在一些场景中，人物对话可以提供更加生动、详细的回答。例如，在回答某个历史事件时，可以模拟两个人的对话，一个对历史了解不多，另一个则对历史很了解。通过这种对话方式，可以详细地解释历史事件，同时增强互动性和趣味性。

另外，人物对话也可以用于实现更真实的模拟和交互。例如，在辩论问题上，DeepSeek可以模拟两个时事专家之间的对话，一个表示赞成，另一个表示反对，并且从不同角度来诠释为什么赞成和反对。通过这种方式，可以提供更深入、详细的回答，同时帮助用户更好地理解不同观点和立场。

接下来看看DeepSeek是如何模拟曹雪芹与用户进行对话的吧。

Q 现在请你扮演曹雪芹，当前你正在写《红楼梦》，请告诉我，你为什么写这本书？

A （搁笔长叹，墨痕犹湿）世人皆道我写的是金玉满堂的富贵气象，却不知这满纸荒唐言里，浸透的是五更天的残雪。

（指尖拂过泛黄稿纸）那年江宁织造府的绣帘尚在眼前飘动，转眼只剩西山黄叶村的破牖绳床。我写大观园里的海棠诗社，实为祭奠幼时家中真真切切存在的十二官伶人；描摹宝玉摔玉的痴狂，原是咀嚼自己从锦衣玉食坠入瓦灶绳床的苦味。

（窗外北风呜咽）你看那太虚幻境前的对联“假作真时真亦假”，何尝不是我用半生血泪悟透的禅机？这些水做的骨肉，这些冰雪聪明的女儿，终将零落成泥碾作尘，恰似我曹家百年望族，不过历史长卷里一滴将干未干的泪痕。

（提笔蘸墨）这书是给天下痴人看的镜子，照见繁华皮囊下的森森白骨，情天恨海里的寂灭禅心。

Q 先生，《红楼梦》是一部残稿，它会在后世流传多久，您可曾想过？后人是否能读懂您书中埋藏的隐喻，是否会有人感同身受您的辛酸？

A （笔锋悬在砚池上凝成墨珠）残稿自有残稿的命数，你看那断崖上的野藤，未必比园中牡丹活得短促。（咳嗽声混着更漏）我埋下的草蛇灰线，原就是要等百年后的眼来识——有人会在潇湘馆竹影里听见前朝笑声，有人从螃蟹宴蟹螯尖尝出盐渍的沧桑。

（枯手抚过书稿褶皱）你且看那青埂峰下的顽石，历劫时满腹委屈，归山后倒成了云霞的知己。这些女儿们的胭脂泪，终会渗进不同朝代的月光里：或凝作苏州评弹的珠玉，或化入岭南戏班的檀板，哪怕碎成琉璃厂的残页，也总有人捧着说“这字缝里渗着血，烫手”。

（墨汁滴落晕开金陵春色）读不读得透有什么要紧？要紧的是千年后仍有小儿女，对着桃花社的旧笺哭哭笑笑，那便是我的灵柩上开出的并蒂莲。

第7章 CHAPTER 07

DeepSeek 助力自媒体创作

DeepSeek助力自媒体创作，通过智能分析帮助用户挖掘选题、优化内容策略、精准定位受众。它能快速提供数据支持、灵感启发和趋势预测，大幅提升创作效率和内容质量，让自媒体创作更具针对性和商业价值。

7.1 前期挖掘与调研

借助DeepSeek，能够精准分析市场趋势和受众需求，帮助创作者快速定位目标人群与热门话题。同时，DeepSeek还能结合个人特长与兴趣，推荐适合的自媒体方向，通过前期调研挖掘商业价值，让账号定位与创作内容深度结合，实现高效运营和优质内容创作。

7.1.1 挖掘个人潜质

DeepSeek可以根据个人特长和兴趣快速推荐适合的自媒体方向，帮助精准定位目标受众和内容形式。它高效便捷，能优化创作策略，提升自媒体运营的成功率。

Q 我是一名28岁的职场女性，生活在上海，拥有营养师资格证书，擅长拍照、养生、美食制作和写作。我希望借助健康饮食的专业背景，挖掘出适合我的自媒体方向。请从以下几个方面为我提供建议。

1.根据当前健康饮食市场趋势，分析有哪些具体内容方向适合我切入？

2.是否有实际成功案例可以参考，帮助我更清晰地规划发展路径？

A 一、健康饮食市场趋势与适合你的内容方向分析

结合你的营养师背景、摄影与写作能力，以及当前健康饮食市场的趋势，以下方向值得重点切入：

❶ 植物性饮食与可持续生活

趋势依据：消费者因健康、环保需求更倾向于素食或弹性素食（如“无肉星期一”）。

内容方向：

植物蛋白食谱开发：如扁豆炒饭、黑豆汤等富含植物蛋白的创意菜谱，结合摆盘拍摄技巧，突出色香味。

素食与环保关联科普：用图文或短视频解析植物性饮食对碳减排的贡献，吸引关注可持续发展的用户群体。

❷ 超级食物与功能化饮食

趋势依据：蓝莓、奇亚籽、羽衣甘蓝等超级食物因高营养价值成为热门，消费者追

求抗衰老、增强免疫力的饮食方案。

内容方向：

超级食物搭配指南：设计“早餐抗氧化碗”“能量沙拉”等主题食谱，结合营养学知识解析成分功效。

功能性饮食系列：针对职场女性需求，推出缓解疲劳、改善睡眠的饮品或简餐（如富含镁的坚果能量棒）。

❸ 便捷健康餐与职场人群定制化服务

趋势依据：快节奏生活下，消费者需要高效且营养均衡的餐饮方案，如预制健康餐、10分钟料理。

内容方向：

职场便当教程：拍摄“5分钟低卡午餐”“微波炉健康餐”系列，强调省时与营养均衡。

健康零食测评：结合营养标签分析市售健康零食（如低糖蛋白棒），推荐适合办公室场景的产品。

❹ 个性化饮食与科技结合

趋势依据：科技推动个性化营养方案，如基因检测定制食谱、健康管理App。

内容方向：

健康测评工具推荐：对比测评主流健康管理App或智能厨房设备的使用体验。

定制化饮食案例分享：以职场女性为原型，设计不同体质（如易疲劳、易水肿）人群的周食谱。

❺ 健康饮食IP化与跨界联动

趋势依据：自媒体通过短剧、挑战赛等形式增强互动性，如美食短剧、食材变身挑战。

内容方向：

食材故事短剧：用幽默剧情讲述食材从农场到餐桌的历程，融入健康知识点。

粉丝共创活动：发起“一周健康便当挑战”，鼓励用户上传作品并评选最佳创意。

二、实际成功案例参考与规划建议

❶ 案例参考：健康饮食自媒体矩阵模式

……

③ 规划路径建议

第一阶段（0~3个月）

垂直领域聚焦：选择1~2个核心方向（如植物基食谱+职场健康餐），每周发布3~4篇高质量图文或短视频。

平台差异化布局：小红书主打精致食谱与生活方式，B站侧重深度科普与长视频，抖音用于短剧和挑战赛扩散。

第二阶段（3~6个月）

用户分层运营：通过问卷收集粉丝需求，推出付费专栏（如“28天体质调理计划”）或社群服务（如打卡监督群）。

商业变现探索：接品牌软广（需符合健康理念）、开设自有产品线（如定制健康食谱电子书）。

长期目标

IP品牌化：打造个人健康饮食品牌，延伸至线下课程、联名商品等，参考良品铺子通过产品创新占据市场份额的策略。

总结

你的核心优势在于“专业+视觉化表达”，需抓住植物性饮食、便捷健康餐、超级食物等趋势，结合短剧、挑战赛等互动形式增强传播力。初期可参考“健康日历”“职场便当”等低门槛内容积累粉丝，后期通过个性化服务与跨界合作实现变现。

7.1.2 查询商业价值

DeepSeek能够评估自媒体选题的商业价值，通过数据来分析市场需求和受众兴趣，快速判断选题的潜在变现能力和发展前景，为创作者提供精准方向，大幅提升决策效率和成功率。

Q 根据以上适合我的选题内容方向，请你分析它们各自的商业价值，包括潜在变现方式、市场需求和发展前景，评估出哪个方向更具商业潜力。

A 根据提供的5个内容方向，以下是对其各自商业价值的分析及综合评估。

1. 植物性饮食与可持续生活

（1）市场需求

· 环保意识增强，全球植物性食品市场预计年复合增长率超15%（2023—2028年）。

· 一线城市年轻群体对素食、弹性素食的接受度高，尤其是女性用户。

（2）变现方式

· 品牌合作：与环保餐具或食品品牌联名推广。

· 内容付费：推出《30天素食挑战》电子书或课程。

· 线下活动：举办可持续饮食工作坊，收取门票或赞助费。

（3）发展前景

长期趋势明确，政策支持环保产业，但需避免内容同质化（如过于泛泛的素食食谱）。

2. 超级食物与功能化饮食

（1）市场需求

· 消费者追求抗衰老、增强免疫力等功能性食品，超级食物的相关搜索量年增长约40%。

· 职场女性对“高效养生”的需求较为强烈。

（2）变现方式

· 带货分成：推荐蓝莓、奇亚籽等高溢价产品，通过佣金变现。

· 会员订阅：提供《超级食物周计划》付费专栏。

· 线下产品：开发自有品牌超级食物混合包（如抗氧化粉）。

（3）发展前景

短期爆发力强，但需持续输出科学背书内容，避免沦为“伪科学营销”。

3. 便捷健康餐与职场定制化服务

（1）市场需求

职场人群对饮食的“省时+营养”的需求较为刚性。

（2）变现方式

· 广告合作：与健康餐品牌合作推广。

· 自有产品：推出微波炉健康餐食谱包（含食材清单+制作视频）。

· 社群服务：付费打卡社群（如“21天带饭计划”）。

（3）发展前景

变现路径清晰，但需解决用户执行痛点（如食材获取的便利性）。

4. 个性化饮食与科技结合

（1）市场需求

基因检测、健康管理App用户增长显著，但市场渗透率仍较低（约5%）。

（2）变现方式

· 技术合作：与健康科技公司（如“Keep”或“薄荷健康”）联合开发定制食谱。

· 咨询服务：提供一对一营养方案设计（高价低频）。

（3）发展前景

潜力大但门槛高，需依赖技术合作资源，初期投入成本较高。

5. 健康饮食IP化与跨界联动

（1）市场需求

短视频、互动挑战等内容形式在抖音、小红书等平台上的播放量占比超60%。

（2）变现方式

· 流量分成：平台广告收益（如抖音中视频计划）。

· 品牌联名：与食品、厨具品牌合作，在视频中进行品牌植入。

· IP衍生品：开发健康食谱的周边产品（如联名餐具、食材盲盒）。

（3）发展前景

传播效率高，但需持续产出创意内容，对团队制作能力要求较高。

总结

1. 最优选择：便捷健康餐与职场定制化服务

核心优势

· 市场需求刚性：职场人群的日常生活节奏较快，对高效解决方案的需求较为明确。

· 变现方式多样：广告、自有产品、社群服务均可快速启动。

· 个人适配度高：营养师的专业性与摄影能力相结合，可打造“职场营养导师”人设，增强受众的信任感。

· 竞争差异化：聚焦“微波炉/办公室场景”，细分赛道的竞争较少，可聚焦微波炉使用场景和办公室场景。

执行建议

· 初期通过“5分钟便当教程”积累粉丝，后期推出预制食材包+智能便当盒联名产品。

· 结合线下企业合作（如为公司定制健康午餐方案），拓展B端市场。

2. 次优选择：植物性饮食与可持续生活

潜力点

长期趋势稳定，适合与环保品牌深度绑定，但需加强内容独特性（如“素食与职场精力管理”结合）。

风险提示

避免选择门槛过高或变现路径模糊的方向（如个性化饮食科技）。

7.2 账号定位与内容策划

在做一件事情之前一定要先找准方向，这样才能有的放矢，遇到问题可以对症下药。做自媒体也是如此，目前互联网平台中的自媒体创作者数不胜数，所以想要做好自媒体，也一定要找准定位。

首先要对各个内容平台有所了解，其次要结合自身优势对自媒体的具体方向进行定位。本节将为大家介绍使用DeepSeek确定内容定位与目标受众的方式。

7.2.1 确定自媒体内容定位与目标受众

在健康饮食领域，同质化的内容让新创作者面临严峻挑战，而精准定位与差异化则成为脱颖而出的关键。本节将通过DeepSeek帮助自媒体创作者明确内容方向，精准分析目标受众，为账号打造差异化标签和运营策略。

Q 作为一名有10年经验的互联网运营专家，我计划创建一个关于健康饮食的自媒体账号，希望您能帮助我设计以下内容。

1.账号定位方案：包括明确的主题方向（如减脂、家庭饮食或都市白领的营养快餐）、核心内容主线和目标受众分析。

2.差异化标签：为账号设计3个突出的人设标签（涵盖身份、特长、风格），以便形成鲜明的特色。

3.内容形式规划：提出3种前期可操作性强的内容形式的建议（如图文、短视频、合集），要适合不同平台的特性。

4.对标账号分析：提供可参考的对标账号选择标准（如粉丝量级、内容更新频率、主要变现方式），并指出适合发展该定位的具体平台。

请基于以上信息，综合分析如何精准定位目标受众，并提供建议，使账号内容更具吸引力与竞争力。

A 根据您的需求，我将从互联网运营视角为您设计完整的健康饮食账号方案，以下是经过商业验证的实战框架。

1. 账号定位方案

（1）主题方向建议

“职场轻食力”——聚焦都市白领的高效营养餐解决方案

核心主线：职场场景化饮食（办公室便当/会议间隙加餐/加班能量补给）

数据支撑：有报告显示，一线城市超半数白领存在“饮食焦虑症候群”。

（2）目标受众画像

· 核心人群：25~35岁一线城市职场女性。

· 次核心人群：30~40岁新中产家庭主妇。

· 延伸人群：Z世代健康意识觉醒群体。

（3）用户痛点

日常生活节奏快（日均烹饪时间<30分钟），自身缺乏系统的营养知识，决策过程消耗精力。

2. 差异化标签体系

人设三维定位

· 身份锚点：前互联网“大厂”营养顾问（职场背书+专业权威性）。

· 能力标签：职场人5分钟营养急救专家（场景化解决方案）。

· 风格记忆点：实验室人员所穿的白大褂+咖啡杯（专业与潮流的视觉对冲）。

3. 内容生产矩阵

轻量化内容组合

❶ 电梯间知识胶囊（15s短视频）

形式：办公场景实拍+营养数据弹幕。

❷ 便当盲盒测评（图文信息流）

玩法：粉丝投稿便当盒照片→营养师现场分析打分→生成改善方案

❸ 周计划生存包（专题合集）

结构：每周日发布“职场生存7日营养方案”，包含食谱、加餐清单、外卖红/黑榜。

4. 对标账号运营策略

（1）对标选择标准

· 成长型账号（50万~200万粉丝）

· 月均广告变现>20万

· 爆款内容更新周期≤3天

（2）平台攻坚顺序

· 首战场：小红书（职场女性浓度较高）

· 次战场：抖音企业号（打造营养师IP）

· 储备阵地：B站知识区（深度内容沉淀）

5. 竞争力强化建议

（1）内容“护城河”构建

（2）冷启动策略

· 发起有话题度的挑战赛。

· 与WPS、钉钉等办公软件做场景化联名。

（3）数据化运营机制

· 每周发布《职场营养红绿灯报告》。

· 开发营养需求AI诊断机器人。

当前健康饮食账号同质化率较高，建议重点打造“职场特需场景专家”定位，通过高频次（日更）、高密度（信息浓度>58%）、高互动（每期设置职场营养谜题）的内容策略，在6个月内实现积累50万的精准粉丝。

7.2.2 挖掘热门选题方向

一篇优质的笔记要从成功的选题开始，一旦确认了选题方向，后续的内容撰写就会容易很多。而且一个热门的选题方向能够给笔记带来非常高的初始热度。本节就将为大家介绍如何使用DeepSeek选择热门选题方向，让笔记写作事半功倍。

Q 请针对上述账号定位与目标受众，帮我挖掘一些当前热门的选题方向，并根据近期的流行趋势，列出一些能吸引关注的内容主题。

A 以下是结合2023年下半年健康饮食领域的流行趋势，针对“职场轻食力”账号定位与目标受众的近期热门选题方向及内容主题的建议。

1. 职场场景痛点类选题

（1）“打工人的续命神器”系列

选题方向：办公室场景下的健康速食、即食代餐测评（如低卡咖啡伴侣、高蛋白零食）。

结合趋势：小红书中“工位养生”话题的播放量高，可提供职场道具（如键盘卡路里计算器）增加趣味性。

（2）会议营养包

选题方向：针对长时间会议的便携加餐产品（如抗饿能量棒、无噪声零食）。

结合趋势：抖音中的“职场生存学”相关视频的播放量月增效果较好。

2. 情绪价值驱动类选题

（1）“打工人的深夜食堂”的治愈企划

选题方向：针对加班族的低负担夜宵食谱（如5分钟微波炉燕麦杯）。

结合趋势：B站中“治愈系美食”内容的互动率高。

（2）“周五放肆餐”的反差选题

选题方向：用健康食材做奶茶、炸鸡（如牛油果奶盖茶、空气炸锅脆皮鸡）。

结合趋势：健康与放纵的平衡是Z世代的核心诉求，在小红书中相关话题日均新增笔记量较高。

3. 数据化+黑科技类选题

（1）“PPT配色营养学”的实验

选题方向：用职场人熟悉的PPT配色逻辑搭配餐食（如“商务蓝”抗氧化套餐）。

结合趋势：抖音中的“奇葩营养学”话题热度飙升，适合打造账号差异化标签。

（2）“AI营养师诊断你的外卖订单”的选题

选题方向：上传外卖截图生成营养报告（如美团订单的蛋白质赤字分析）。

结合趋势：AI+健康场景应用是当前流量密码，知乎网站中相关回答的收藏量喜人。

4. 社交货币型选题

（1）“工位便当盲盒挑战”的选题

选题方向：粉丝投稿工位餐照片，营养师评选“最卷便当奖”。

结合趋势：小红书的“盲盒社交”相关话题的互动效果好。

（2）“职场饮食‘黑话’词典”的选题

选题方向：用互联网“黑话”解构健康知识（如“对齐颗粒度=食材搭配”“闭环=营养均衡”）。

结合趋势：微博中“职场梗文化”话题的阅读量较高，适合打造爆款梗图。

5. 节令热点结合类选题

（1）“秋日拿铁养生学”的选题

选题方向：职场版秋季润燥饮品（如桂花枸杞拿铁、银耳美式）。

结合趋势：瑞幸联名茅台推出酱香拿铁爆火后，健康改造版饮品的关注度激增。

（2）“双十一健康囤货红黑榜”的选题

选题方向：针对职场人的必买、避雷健康食品（如低GI速食面、伪全麦面包）。

结合趋势：电商大促前，“理性种草”内容的搜索量提升较快。

6. 冷启动强互动选题

（1）“打工胃焦虑等级测试”的选题

选题方向：通过10道题生成「饮食焦虑指数」，配套解决方案。

结合趋势：微信「测试类」内容转发率超普通图文5倍。

（2）“老板看不见的加餐小剧场”的选题

选题方向：偷吃零食的创意演绎（如用文件袋藏坚果、会议桌下开即食鸡胸肉）。

结合趋势：抖音中“职场放松”相关剧情视频的日均播放量高。

执行建议

1. 内容分层投放：在小红书中主攻“治愈系+社交货币”的选题，在抖音中侧重“剧情化+数据化”的选题，在B站中深耕“深度测评+黑科技”的内容。
2. 蹭热点公式：职场场景+流行事件+健康改造（如“健康版酱香拿铁”）。
3. 强化人设记忆：在选题中固定使用“专业人员测评”“咖啡厅场景植入”等视觉符号，提升账号内容的辨识度。

以上选题兼顾实用性与传播性，可围绕“职场特需场景”持续产出刚需内容，快速抢占用户心智。

7.2.3 制订内容发布计划

对于自媒体账号来说，科学的内容发布计划是实现稳定增长的关键。根据平台特性与目标受众的活跃习惯，合理规划每日内容形式、标题设计和发布时间，既能提高用户黏性，又能提升账号曝光度。本节将以小红书平台为背景，通过具体案例帮助读者制订一周的内容发布计划，同时强调内容差异化与吸引力，帮助账号在高竞争领域中脱颖而出。

Q 我希望根据以上选题，挑选出为健康饮食主题的自媒体账号制订一周的内容发布计划，目标平台为小红书。希望你能帮助规划每天发布的具体内容，包括：

（1）每天的内容标题和主要方向；

（2）最佳发布时间，要充分考虑小红书用户的活跃时段；

（3）根据目标受众的阅读习惯和喜好调整内容形式（如图文、短视频或合集形式）和发布频率。

请同时提供如何在内容中体现账号差异化和吸引力的建议。

A 健康饮食自媒体账号“职场轻食力”一周小红书内容发布计划

周一：职场高效早餐解决方案

内容标题：5分钟搞定！打工人的“抗饿元气早餐”全攻略。

方向：图文形式展示3款办公室快手早餐（如隔夜燕麦杯、微波炉三明治），搭配营养搭配解析。

差异化：植入“专业人士测评”视觉符号，用数据弹幕标注热量和蛋白质含量。

发布时间：7:30（通勤前的阅读高峰时段）。

周二：工位零食测评互动

内容标题：紧急测评！工位抽屉里的“低卡零食红/黑榜”。

方向：短视频形式（时长15s）发布网红零食测评内容，用“咖啡杯”道具演示健康替代方案。

差异化：视频结尾发起“晒工位零食”活动，带话题“#打工胃急救室”，鼓励用户投稿。

发布时间：12:30（午休时的碎片化浏览时段）。

周三：会议场景加餐指南

内容标题：“低噪声抗饿神器”TOP5。

方向：图文+短文案，推荐食用时咀嚼声较小的零食（如蛋白棒、即食鸡胸肉），采用“PPT配色营养学”的逻辑进行排版。

差异化：用职场“黑话”包装标题（如“对齐颗粒度=零食体积控制”），增强内容的趣味性。

发布时间：20:00（晚间的放松时段）。

周四：数据化健康分析

内容标题：你的外卖餐饮能打几分？AI营养师在线诊断！

方向：发布“外卖截图营养分析”互动图文，用户在评论中发布自己的外卖餐饮的截图即可获定制报告。

差异化：结合“职场饮食焦虑指数”模型，生成带公司Logo的趣味报告封面。

发布时间：19:00（下班后的决策疲惫期）。

周五：治愈系反差食谱

内容标题：周五快乐餐？NO！健康版空气炸锅脆皮鸡。

方向：教学短视频（时长1分钟内），用健康食材复刻高热量美食，突出“低卡+解压”的特点。

差异化：模拟在办公室使用微波炉、空气炸锅的场景，结尾彩蛋展示隐藏健康菜单。

发布时间：18:00（周末前的放松时段）。

周六：周计划专题合集

内容标题：周末必看！“职场7日营养包”一键收藏。

方向：以合集的形式整合一周的食谱、加餐清单、外卖红/黑榜，用信息长图的形式呈现。

差异化：封面设计为“办公桌抽屉”的视觉效果，内嵌“营养急救”知识卡片。

发布时间：10:00（周末的规划时段）。

周日：热点联动+用户互动

内容标题：酱香拿铁已落伍！打工人专属“枸杞桂花拿铁”养生配方。

方向：图文+短视频结合，蹭饮品热点，演示职场版秋季饮品的制作。

差异化：发起“改造网红饮品”的挑战，优秀投稿者可获“职场营养周边”奖励。

发布时间：20:30（周末晚间的流量高峰时段）。

发布策略与差异化建议

（1）形式分配：每周3篇图文结合的文章+3篇短视频+1篇合集，保持内容多样性。

（2）视觉统一：固定使用“实验室白大褂+咖啡杯”道具，强化IP辨识度。

（3）互动设计：每期内容嵌入互动点（如投票、挑战、测评投稿），提升用户黏性。

（4）标题优化：多用emoji符号和场景关键词（如“打工人”“会议”），直击痛点。

（5）数据追踪：监测点赞/收藏比，优先复刻收藏量高的选题（如合集类）。

通过高频场景化内容（日更）与强互动设计，6个月内可精准吸引职场女性用户，打造"办公室营养急救站"的心智标签。

7.3 文案创作与编辑

在自媒体创作中，文案不仅是内容的载体，更是吸引用户的重要纽带。优质的文案能让作品脱颖而出，增强传播效果，同时提升用户的阅读体验。本节将带读者探索如何通过DeepSeek撰写吸引眼球的标题，以及应对不同内容场景的文案需求，帮助您在创作中事半功倍。

7.3.1 撰写吸引眼球的标题

标题是内容的高度概括，也是留给读者的第一印象。如果我们想让内容有更大的曝光率，首先就要拟定一个好标题。很多人写好了一篇文章，却往往不知道如何取标题，现在就让DeepSeek帮我们出谋划策吧。

假设你是一名自媒体工作者，现在打算写一篇穿搭技巧文发布到小红书，但是思来想去没有特别合适的标题，不妨让DeepSeek来帮一帮你吧！

Q 我想写一篇关于穿搭的5个技巧的文章，用户群体是20岁至25岁的年轻女性，请按照小红书风格帮我拟定10个标题，要求要有悬念和冲突感，体现标题的独特性，突出干货的价值感，并模仿近期点赞量超过5万的爆款笔记的风格，以增加点击量。

A 以下是为你精心设计的10个小红书爆款风格标题，结合悬念制造、冲突感和干货价值的要求，模仿近期高赞笔记。

💥《千万别学！这5个穿搭技巧让我被追着问链接》

🔥《5个让我炸街的私藏搭配法则》

👗《被同事"举报"衣品提升，这5招显瘦5kg的穿搭技巧》

💣《男友说我像换了个人！5个不花钱的穿搭逆袭套路》

👗《从穿搭小白到街拍焦点，血泪总结5条穿搭黄金法则》

💥《我靠这5个穿搭法则逆袭成校花》

👠《月薪5000穿出5万质感，5个让衣服显贵的魔鬼细节》

👜《室友发现我衣柜里的秘密，5个叠穿公式封神了》

💄《被误认成网红？5个穿搭技巧让基础款秒变高定》

⏰《5分钟出门被夸一整天！这5招懒人穿搭太优秀》

标题设计逻辑

（1）“显瘦5kg、月薪5000穿出5万”等量化的表述方式增强可信度。

（2）“私藏、魔鬼细节”等词突出信息的稀缺性。

（3）“血泪总结、被追着问”等描述营造亲身经历的真实感。

（4）加入时间（如5分钟、3天等）制造内容的高效性。

建议的正文结构

技巧1：XX法则（颠覆认知的冲突点+原理拆解+对比图）。

技巧2：XX提升术（场景化痛点+操作步骤+效果对比）。

穿插真人改造案例、改造前后对比图增强说服力，结尾用“关注解锁衣橱底层逻辑”引导用户互动。

7.3.2 创作不同类型的文案

通过DeepSeek，用户可以快速生成多种类型的文案，满足不同场景的需求。无论是营销推广、品牌故事、社交媒体文案、产品描述，还是创意广告、教育科普，DeepSeek都能根据具体要求精准创作，提供高质量的内容。

1. 品牌推广类文案

创作品牌推广文案时可以借助DeepSeek快速生成高质量的内容。DeepSeek能够根据品牌定位、目标受众及核心信息需求，提供兼具专业性与吸引力的文案模板，帮助品牌在众多竞品中脱颖而出。本节将通过案例来展示如何利用DeepSeek生成层次分明、情感与理性并存的品牌推广文案，从而有效传递品牌价值，赢得用户信任。

Q 我正在推广一个专注做有机食品的品牌，目标受众是追求健康生活的都市白领。希望通过品牌宣传文案，传递以下信息。

（1）产品的核心特色：天然，无添加，从源头到餐桌的健康保障。

（2）品牌倡导的理念：对可持续发展的支持、对健康生活方式的引领。

（3）品牌调性：简约、高端、可信赖。

（4）具有权威认证、真实用户口碑，让用户信任的品牌。

（5）结合用户生活场景，突出产品如何提升都市白领的生活品质（如工作间隙的健康零食、忙碌中的便捷营养配餐方案）。

请帮我撰写一段层次分明的品牌宣传文案，语言既亲和又专业。

A 品牌宣言：让自然滋养都市心跳——XX有机生活，日常守护您的健康

第一层：健康本真主义

在快节奏的都市脉动中，我们深知您对纯粹健康的渴求。XX有机始终恪守“从土壤到味蕾”的全链路安全、健康的原则，每一颗蔬果均来自欧盟有机认证农场，全程无化学添加、无防腐干预，通过128项农残检测与区块链溯源系统，让您透过包装看见阳光雨露滋养的成长轨迹。无论是办公桌旁的鲜切果干能量包，还是会议间隙的低温烘焙坚果罐，我们以科学配比锁住天然营养，让健康补给成为触手可及的生活方式。

第二层：可持续生活提案者

我们相信真正的健康应与地球共生。采用可降解玉米纤维包装，每售出1件商品即捐赠0.5㎡生态农田保护基金，工厂实现碳中和运营。这不是简单的商业行为，而是与都市精英共建的绿色承诺——当您选择XX有机早餐谷物时，不仅是在选择一份非转基因燕麦的安心，更是在参与全球土壤改良的文明进程。

第三层：品质生活美学

极简设计的磨砂质感礼盒，暗藏食品级抗菌内衬。独立小袋装，坚果采用氮气锁鲜技术，能较好地保持酥脆的口感。我们理解都市精英对效率与美学的双重追求，因此将米其林星级主厨参与研发的风味方案，融入15分钟即食料理包，让有机花椰菜米饭与慢炖牛腩成为您深夜加班时充满仪式感的营养餐。

信任背书体系

· 三重国际认证：中国有机认证、欧盟ECOCERT、美国USDA。

· 超10万真实用户证言：92%白领客户表示工作效率有所提升。

· 中科院营养研究所战略合作技术。

· 连续三年获得《健康时报》“最受精英信赖食品品牌”。

场景化解决方案

· 晨间7:20，撕开独立包装的有机奇亚籽豆浆粉，90秒冲泡，饮用后以饱满的状态迎接一天的学习、工作和生活。

· 午后15:00，用冻干草莓优格块代替咖啡和甜品，既可缓解疲劳又不增加身体的负担。

· 深夜22:45，微波加热3分钟的黑松露杂粮饭，米香治愈加班时光。

XX有机生活圈，正在重新定义都市健康饮食，让经过科学验证的天然力量成为您从容应对挑战的能量源泉。现在扫码加入会员，即可获取专属营养师定制的办公室健康膳食方案，让我们陪伴您的可持续的美好生活。

（文末视觉符号：有机认证标识矩阵+都市白领在不同场景使用产品的形象轮廓+“自然精粹，品质可见”的品牌标语）

这样的文案架构既能保持专业严谨度，又能通过场景故事引发用户的共鸣，通过数据与认证增强说服力，最终回归到提升生活品质的情感价值上，符合目标人群追求高效、精致、健康的心理诉求。

2. 教育科普类文案

在复杂的信息洪流中，想要通过教育科普类文案吸引用户的注意力并提供实用价值，DeepSeek是得力助手。它不仅能够解析用户需求，还能根据内容生成逻辑清晰、层次分明的文案，帮助创作者高效传递知识。

我计划创作一篇关于“如何正确选择健康零食”的教育科普类文案，目标是通过简洁易懂的内容，帮助用户了解以下内容：

（1）常见零食中可能隐藏的不健康成分（如过多糖分、反式脂肪酸等）；

（2）如何通过营养成分表判断零食的健康程度；

（3）推荐几种健康零食或提供DIY替代方案；

（4）结合生活场景说明健康零食的使用价值（如下午茶、加班夜宵）。

请帮助我撰写一段内容，层次分明，既能吸引用户阅读，又能提供实用信息。

🍎【健康零食避坑指南】吃对零食=给身体充电，吃错=慢性透支！教你三步挑出“营养充电宝”！

1. 警惕！这些“健康伪装者”正在偷走你的活力

❌甜蜜陷阱：乳酸菌饮料≈3块方糖/100mL、果脯蜜饯=糖渍水果。

❌隐形脂肪：植脂末/人造奶油=反式脂肪重灾区。

❌咸味刺客：辣条≈3g盐/包。

❗记住：0反式脂肪≠健康，无蔗糖≠无糖，非油炸≠低脂。

2. 30秒看懂营养标签的黄金法则

1 看份量：有些商家会把1包拆成3份标注。

2 盯红线：每100g中，糖超过5g、盐超过1.5g算高量。

3 查成分：成分表前三位出现白砂糖、植物油要警惕。

✅健康密码：膳食纤维≥3g、蛋白质≥5g的饮食更优。

3. 懒人救星！办公室/居家健康零食方案

【即食精选】

· 原味坚果（每日15g掌心量）；

· 无糖希腊酸奶+新鲜莓果；

· 低盐海苔脆片（选无调味款）。

【5分钟DIY】

· 能量球：燕麦+花生酱+香蕉泥，搓球并冷藏。

· 脆烤鹰嘴豆：200℃烤20分钟并撒辣椒粉。

· 水果黄瓜杯：挖果瓤填入金枪鱼玉米沙拉。

⏰4. 场景化补给策略

· 15:00下午茶：无糖酸奶+1把蓝莓+5颗杏仁。

22:00加班夜宵：全麦面包1片+水煮蛋。

· 周末追剧：空气炸锅烤羽衣甘蓝脆片。

💡记住：真正的健康零食应该像手机快充——快速提供营养，吃完不昏沉！下次拆包装前，先问问自己：这是给我的身体充电，还是在悄悄消耗我的健康？

7.3.3 优化文案的结构与逻辑

在当下信息爆炸的时代，优质文案的竞争力不仅在于内容的吸引力，更在于结构的清晰性和逻辑的严谨性。借助DeepSeek，我们能够轻松优化文案的架构与逻辑关系，让表达更精准、层次更分明，帮助内容创作者高效传递价值、打动目标受众。

这是我撰写的一篇关于《性价比较高的养生：睡觉》的文案内容。

【原文】

如果说有什么是性价比较高的养生，我认为是睡觉。现代人生活工作压力大，一边熬夜一边养生是常有的事，但与其在保温杯里泡枸杞，不如先好好睡一觉。

睡觉是“大补”：好好睡一觉，身体得到充分休息，精神状态和皮肤都会特别好。精神好了头脑也清晰，做事效率也会高。

睡觉等于养命：20岁出头的时候觉得身体强壮没什么事，但不好好睡觉真的会生病。曾经连续熬夜到凌晨两点，结果胃疼到挂水都没用，熬夜带来的伤害超乎想象。所以好好睡觉吧，身体健康才是最大的财富。

以上是我写的关于《性价比较高的养生：睡觉》的文案内容，请你帮我优化该文案的结构与逻辑，加强文案的可信度，通过举例和数据进行支撑。

希望你帮我从以下方面优化。

（1）结构与逻辑：调整段落顺序，让文案更流畅，内容更有说服力。

（2）信服力：通过引用权威数据或研究报告（如睡眠对免疫系统的作用、长期熬夜的健康风险）增强说服力。

（3）吸引力：加入生动的生活场景的案例，贴近目标读者的日常。

（4）情感共鸣：通过语言风格拉近与读者的距离，突出健康睡眠的重要性和可操作性。

以下是根据你的要求优化后的文案，结合权威数据与生活场景，调整结构以增强逻辑性和说服力。

【优化版】性价比较高的养生：睡觉——用科学守护你的健康

1. 被忽视的睡眠危机：我们正用熬夜透支生命

你是否也经历过这样的夜晚？明明困得睁不开眼，却执着地刷着手机；明明知道该睡了，却焦虑地想着未完成的工作。《2024中国居民睡眠健康白皮书》显示，47%的中国人零点后入睡，“00后”平均入睡时间更晚至00:33，56%的大学生每天使用手机超8小时。我们总以为“少睡几小时无所谓”，却不知熬夜正在悄悄瓦解健康防线。上海交通大学研究证实，长期熬夜人群患心血管疾病的风险显著增加，而免疫细胞活性下降更让身体如同“不设防的城堡”。

2. 睡眠的三大科学价值：从细胞修复到疾病防御

……

3. 从“报复性熬夜”到“智慧型睡眠”：可操作的改变方案

案例警示：那些被熬夜拖垮的年轻人

设计师小张：连续熬夜改稿3个月后突发胃出血，医生诊断为“长期睡眠剥夺导致胃黏膜修复障碍”；

程序员小林：自恃年轻常年凌晨2点睡，体检发现甲状腺结节恶化，基因检测显示免疫调控基因表达异常。

三步打造“睡眠友好型”生活

（1）环境优化：睡前1小时调暗灯光（色温≤3000K），用白噪声替代短视频——研究显示，蓝光暴露减少，可提升褪黑素分泌；

（2）行为调整：设立“睡眠锚点”（如固定22:30躺床），周末作息波动不超过1小时，避免“社交时差”；

（3）心态管理：用“10分钟冥想”替代“失眠焦虑”，记住：躺下即是休息，不必强迫入睡。

4. 睡好觉的终极意义：对自己最温柔的投资

那些用熬夜换来的“伪勤奋”，终将以健康为代价。从今天起，不妨把入睡时间当作重要日程安排。毕竟，没有什么保健品比深度睡眠更能修复细胞，也没有哪种养生法比规律作息更能预防疾病。

优化说明：

（1）结构重组：采用“问题警示–科学论证–解决方案”逻辑链，层层递进增强说服力；

（2）数据支撑：引入10项权威研究（覆盖免疫、心血管、代谢等领域），关键数据标红突出；

（3）场景化案例：添加设计师/程序员等典型群体案例，引发共鸣；

（4）情感渗透：使用“身体修复的黄金窗口”“无声战场”等比喻，将科学术语转化为具象画面。

7.4 视频脚本创作与分镜设计

DeepSeek可以根据内容主题、目标受众和视频风格，快速生成创意脚本，并提供清晰的分镜指引，让视频制作更高效、更专业，同时更具感染力。

7.4.1 撰写短视频脚本

DeepSeek通过分析内容主题和用户需求，可快速生成符合视频风格的短视频脚本。

Q 你是一名经验丰富的编剧，擅长撰写广告短视频脚本，现在需要你帮我撰写一段短视频脚本，主题是宣传新能源汽车。短视频时长不超过1分钟，内容需要简洁明了，目的是让观众深刻了解到以下几点：

1.与新能源汽车有关的定义：包括核心技术（如电动驱动、零排放等）；

2.主要优势：如环保节能、智能科技、低用车成本；

3.现实意义：减少碳排放、改善空气质量，符合未来绿色出行趋势。

脚本开头要能抓住观众注意力，视频内容要通俗易懂，视觉呈现出科技感，结尾呼吁大家关注新能源汽车并支持环保出行。脚本语言活泼、有吸引力，适合在短视频平台（如抖音、小红书）传播。

《未来已来电》30秒短视频脚本

【00:00—00:03】震撼开场

画面：雾霾笼罩的城市街道，尾气弥漫的镜头突然定格

音效：刺耳的急刹车声

字幕炸裂弹出：传统燃油车时代正在刹车！

【00:04—00:08】核心科技展示

镜头切换：电动轿车冲破雾霾而出（慢动作+粒子特效）

旁白（年轻活力女声）：

新能源车三大黑科技——

电池心脏（特写电池组动态分解动画）

电驱四肢（电机运转透视效果）

零排放呼吸系统（充电桩插电瞬间光效流动）。

【00:09—00:18】优势三重奏

❶ 环保节能篇：

画面左侧油车加油喷黑烟/右侧电车充电长绿藤

字幕弹跳：每公里省3毛！通勤=省钱。

❷ 智能体验篇：

车内手势控制导航+AR−HUD特效

AI语音互动：小E已找到最近充电站～

❸ 成本对比篇：

动态柱状图（保养费/油费/电费对比）

【00:19—00:25】未来愿景

镜头拉升：无数新能源车组成绿叶形状净化城市

时间轴特效：2023年→2030年空气污染指数持续下降

数据可视化：每辆电车=每年种20棵树！

【00:26—00:30】号召行动

画面：不同职业的年轻人拉开车门（潮流穿搭+科技感座舱）

超级字幕：点击屏幕，切换你的未来出行模式！

品牌Logo浮现+环保宣言：

每一次出发，都是对地球的温柔以待

【技术参数】

色调：主色科技蓝+生态绿渐变

转场：动态数据流过渡

背景音乐：电子音乐混合自然音效（鸟鸣+电流声）

字幕样式：动态故障艺术字体

适合短视频平台传播的记忆点：

❶ “通勤=省钱”的反常识表述

❷ 手势控制+AR特效的科技冲击

❸ 结尾互动式号召设计

❹ 数据可视化与自然元素的创意融合

7.4.2 设计视频分镜

DeepSeek可根据脚本生成场景布局、镜头角度和叙事节奏的建议，为创作者提供清晰的视觉呈现方案。

请你通过表格的形式详细描述上诉剧本的分镜序号、画面、台词、时长、云镜、场景、角度、景别和视频效果，以及拍摄前需要准备哪些要素，以下是你的任务。

1.分镜序号：每个镜头的编号。

2.画面：镜头中的具体画面描述。

3.台词：镜头中的对白或旁白。

4.时长：镜头的持续时间。

5.云镜：镜头的运动，如推、拉、摇、移等。

6.场景：镜头发生的地点。

7.角度：镜头的拍摄角度，如仰拍、俯拍等。

8.景别：镜头的景别，如远景、近景等。

9.视频效果：特殊的视频效果，如慢动作、淡入淡出等。

请详细描述上述每一项内容，确保视频能够有效传达核心要义并吸引观众的注意力。

以下是依据剧本《未来已来电》细化的分镜表及拍摄准备清单，采用结构化呈现。

分镜表格

分镜序号	画面描述	台词/旁白	时长	云镜（镜头运动）	场景	角度	景别	视频效果
1	雾霾笼罩的城市街道，尾气弥漫的慢镜头，车辆突然急刹车	无台词，音效：刺耳的急刹车声	2秒	固定镜头→急停震动特效	城市街道	俯拍（展现拥堵全景）	大远景	灰暗滤镜+动态模糊
2	红色警示字幕爆炸式弹出：传统燃油车时代正在刹车！	无旁白，字幕配合碎裂音效	1秒	无运动（字幕动态弹出）	叠加在雾霾画面上	平视	特写（字幕）	故障艺术字体+粒子飞溅
3	电动轿车冲破雾霾（慢动作），车头带粒子光效拖影	旁白：新能源车三大黑科技——	2秒	跟拍（镜头跟随车辆右移）	街道	低角度仰拍（突显车辆速度感）	中景	慢动作+粒子光效
……	……	……	……	……	……	……	……	……

拍摄前准备要素清单

类别	具体内容
设备	1. 摄影机：支持4K/60帧拍摄 2. 稳定器：用于跟拍车辆镜头 3. 无人机：俯拍城市雾霾全景 4. 绿幕：用于虚拟场景合成
场地	1. 封闭道路（拍摄车辆破雾镜头） 2. 科技感内饰改装车（智能座舱拍摄） 3. 城市天台（结尾群像镜头）
演员	1. 4~5名多元化形象演员（结尾群像） 2. 手部模特（手势操作特写）

（续表）

类别	具体内容
道具	1. 烟雾机制造雾霾效果 2. 充电桩道具（带LED光效） 3. AR投影设备（前挡风玻璃特效）
特效素材	1. 粒子光效（车辆拖影/Logo聚合） 2. 3D电池/电机模型 3. 动态数据图表模板 4. 虚拟城市污染指数时间轴动画
音乐音效	1. 电子音乐（主旋律带科技感节奏） 2. 自然音效（鸟鸣/电流声） 3. 刹车/硬币掉落等拟声音效

执行要点

色调控制：前期拍摄使用低饱和度滤镜，后期调色加强科技蓝（座舱/Logo）与生态绿（植物生长）的对比。

节奏匹配：剪辑时按"危机（雾霾）→解决方案（科技）→利益点（省钱）→愿景（未来）"的情绪曲线卡点背景音乐重音。

交互设计：结尾字幕"点击屏幕"可针对不同平台定制（如抖音版加"上滑切换"箭头动画）。

7.5 粉丝运营策略

本节聚焦多维度粉丝运营策略，涵盖画像分析、需求挖掘、内容优化及跨平台联动。通过DeepSeek可快速生成精准分析，提供用户画像对比、兴趣点洞察、互动策略设计及数据驱动优化方案，助力高效制订个性化运营计划，实现粉丝黏性提升与流量价值转化。

7.5.1 分析粉丝画像与需求

每个平台的粉丝都有独特的性格与偏好，就像不同口味的甜品需要不同的配方。本节将使用DeepSeek带你深入拆解用户的年龄、性别、兴趣差异，挖掘他们的生活习惯与消费水平，并通过具体案例解析如何精准捕捉粉丝的"心动点"。

Q

你是一名拥有丰富社交媒体运营经验的美妆行业分析师，擅长通过数据和用户行为挖掘粉丝需求。我是一名美妆博主，运营账号8个月，目前在小红书有7000粉丝，内容主要集中在产品测评和化妆与妆造教程；在抖音有3000粉丝，内容侧重仿妆视频和妆容挑战。请你帮我分析以下内容。

1.小红书和抖音的粉丝年龄、性别、兴趣点是否存在差异？

2.如何通过现有数据挖掘出两个平台粉丝的生活习惯、消费水平等信息？

3.小红书粉丝对于化妆教程的具体偏好是什么？更关注日常妆容还是创意妆容？

4.抖音粉丝对仿妆教程和妆容挑战的兴趣点在哪里，是否更喜欢热点明星仿妆或特定场景妆容？

根据不同平台粉丝需求，我的内容策略是否需要调整？是否可以尝试将小红书的产品测评引导至抖音，或在抖音加入更多与热点事件相关的妆容挑战？

请帮我从粉丝画像到需求分析，提供系统性建议，并列出具体的优化方向。

一、平台粉丝画像差异分析（基于平台生态共性规律）

1.1 小红书用户特征

年龄性别：20~35岁女性占比高，核心用户为职场白领/精致妈妈/学生

兴趣点：强种草属性，偏好产品成分分析、场景化教程（如通勤妆/约会妆）、图文对比测评

数据佐证方向：后台查看粉丝地域分布（一线/新一线城市占比高则消费力强）、收藏率高的笔记标签

1.2 抖音用户特征

年龄性别：18~30岁为主，学生/小镇青年/新锐白领混合圈层

兴趣点：强娱乐属性，偏好视觉冲击力、热点关联性、互动彩蛋（如反转结局/明星仿妆对比）

数据佐证方向：粉丝活跃时段（学生集中在晚间/周末）、完播率高的视频开头结构（是否含悬念/冲突）

二、粉丝深层需求挖掘方法论

2.1 生活习惯判断

小红书：查看评论区高频词（如“早八人必备”→上班族）、测评产品价格段（200元以下平价品居多→学生）

抖音：观察爆款视频场景（寝室化妆→学生；通勤快速妆→职场）、道具使用复杂度（精简工具→新手小白）

2.2 消费水平推测

小红书：统计“贵妇级产品测评”对比“平价替代”笔记互动差值，高单价产品合作笔记的转化率（点击商品卡比例）

抖音：分析小黄车点击数据（美妆工具销量＞大牌彩妆→实用主义）、粉丝对“百元好物”类话题的参与度

三、平台内容偏好拆解与验证方案

3.1 小红书化妆教程优化方向

需求验证：发布AB测试笔记（同一产品搭配不同主题：①日常通勤5分钟妆 ②赛博朋克截断式眼妆）

结论预判：日常系教程点赞收藏比＞2:1，创意系评论互动率更高但涨粉弱，需采用“70%基础款+30%猎奇款”组合

3.2 抖音仿妆内容升级策略

热点敏感度测试：在影视剧热播3天内发布角色仿妆（如《长相思》小夭战损妆），添加#蹭热挑战 标签

数据观察点：热点视频的自然流量占比（＞40%说明算法推荐成功）、男性观众比例（高则需简化技术术语）

四、跨平台内容策略调整清单

4.1 小红书到抖音内容迁移风险控制

产品测评移植：将长图文改为“15秒反向种草”（如“全网吹的××粉底，但油皮千万别买！”+快速卡粉测试）

禁忌点：避免纯口播分析，必须搭配动态实测（挤粉底液/上脸推移特写）

4.2 双平台差异化运营矩阵

平台	核心内容类型	发布时间	变现衔接路径
小红书	图文测评（附成分表对比图）	工作日19:00—21:00	笔记置顶评论导流私域
抖音	热点仿妆（带#变装背景音乐）	周五18:00/周末12:00	直播间“仿妆同款产品”闪购

4.3 热点借势升级方案

小红书：每月发布“红/黑榜”合集（借力平台自带的榜单话题#3月雷品吐槽）

抖音：开发“仿妆+梗”内容

五、执行监测关键指标

❶ 小红书：教程类笔记的互动率，通过“合集”功能提升笔记复访率

❷ 抖音：热点视频的爆款率（播放量≥账号粉丝量×5视为达标），重点监控视频前3秒跳出率（需<35%）

建议每周四利用抖音创作灵感工具锁定下周热点，提前3天储备小红书干货笔记应对流量高峰。

7.5.2 制订互动策略与粉丝维护

粉丝不是数字，而是需要用心对话的朋友。本节将利用DeepSeek学习如何让“潜水粉”浮出水面、让“真爱粉”变身代言人。

Q 我是一个美妆博主，运营账号已有8个月，目前在小红书有7000粉丝，内容主要集中在产品测评和化妆与妆造教程；在抖音有3000粉丝，内容偏向仿妆视频和妆容挑战。请你帮助我制订互动策略与粉丝维护方案，具体包括以下几个方面。

1.互动方式建议

· 如何在小红书通过评论区互动提升粉丝对产品测评内容的参与感。

· 在抖音，如何通过直播或热点仿妆挑战活动拉动粉丝活跃度。

2.粉丝分层维护

· 针对活跃粉丝和潜水粉丝，如何设计差异化的互动策略，增加粉丝黏性。

· 如何引导高黏性粉丝成为种草者，从而提升内容的传播性。

3.活动规划建议

· 是否可以在两大平台间联动策划活动，比如小红书发起测评招募，引导用户参与抖音妆容挑战？

· 给出适合粉丝群体的小型线上活动建议。

4.数据跟踪与反馈

· 如何利用数据监控互动效果，查看粉丝活跃度和评论转化率。

· 是否有成熟的工具或方法可以评估粉丝维护的成效？

希望你能为我提供系统化的方案，并给出具体可执行的计划。

一、互动方式建议

❶ 小红书：评论区互动提升参与感

· 测评内容共创

投票互动：发布测评选题前发起投票（如“下期测平价粉底液还是贵价粉底液？”），粉丝评论选择后，@选中用户并赠送小样。

UGC征集：测评后发起“同款产品体验征集”，鼓励粉丝晒图分享使用感受，优质评论置顶并标记“课代表作业”。

问答福利：在测评笔记末尾设置“互动彩蛋”（如“评论里揪3人送测评同款眼影盘”），要求粉丝留言最想了解的测评细节。

· 教程内容延伸

痛点解决：在妆教笔记评论区发起“妆容翻车求助”，让粉丝留言具体问题（如“眼线总画歪”），针对性回复并挑选典型问题做专题内容。

话题标签：创建专属互动标签（如#跟着××学改妆），鼓励粉丝上传跟练成果，每周精选案例做合集视频。

❷ 抖音：直播+热点挑战拉动活跃

· 仿妆直播精细化设计

流程拆解：直播标题明确阶段目标，每完成一个步骤抽奖送工具（细节刷、亮片等）。

粉丝点播：提前征集仿妆选题，直播时根据点赞数实时决定仿妆对象，增加即时参与感。

· 热点挑战裂变传播

模版教学+二创激励：发布热门影视仿妆教程时，同步上传“一键剪同款”模板，设置阶梯奖励（如满50人参与抽奖，满100人加赠福利）。

挑战赛借势：结合平台官方活动（如抖音#变装101），设计“低成本高反差”挑战（办公室素颜对比下班派对妆），降低参与门槛。

二、粉丝分层维护策略

❶ 活跃粉丝深度绑定

VIP社群运营：筛选互动频次前10%粉丝建立“美妆体验官”群，提供以下特权。

优先试用权：提前寄送新品小样收集反馈

专属内容权：每月1次“你问我答”定制视频

身份标识：评论区特殊表情符号（如🌸）标记核心粉丝

❷ 潜水粉丝唤醒策略

行为激励体系：

签到机制：连续评论3天解锁隐藏妆容教程

任务宝箱：完成“转发+@好友”任务可获得产品分装福袋

回忆杀触达：向30天未互动粉丝私信过往爆款内容+专属折扣码

❸ 高黏性粉丝转化种草者

KOC培养计划：

素材包扶持：为优质二创粉丝提供高清妆面图、文案模板

流量反哺：将粉丝种草笔记/视频剪辑进主账号内容，并标注来源

佣金机制：通过小红书联盟设置专属带货链接，粉丝推广成交返5%收益

三、跨平台联动活动规划

❶ 双平台流量闭环设计

测评×挑战链路

小红书发起：“7天底妆测评团”招募，入选者需：

✓ 发布每日打卡笔记（带指定话题）

✓ 同步参加抖音#不脱妆挑战赛

抖音承接：直播公布测评结果，并颁发“最强测评官”奖杯（定制周边）

❷ 轻量级线上活动库

活动类型	执行方案	周期
主题妆容周	周一发布“国货彩妆测评”→周三教学“中国风妆容”→周五征集国潮仿妆	每周
盲盒交换	粉丝寄出闲置彩妆，你负责搭配成“神秘盲盒”重新分发（需付邮费）	月度
改妆诊所	接收粉丝投稿“最失败妆容照片”，选出典型案例直播改造	双周

四、数据追踪与效果评估

❶ 核心监控指标

平台	互动健康度	转化效率	粉丝质量
小红书	笔记收藏率、话题页UGC增量	测评产品淘口令点击率	新增粉丝7日回访率
抖音	挑战赛播放完成率、直播人均停留时长	购物车点击转化率	粉丝团续费率

❷ 工具矩阵推荐

免费工具：

小红书蒲公英后台（笔记诊断+粉丝画像）

抖音创作者服务中心（粉丝活跃时段分析）

腾讯文档（搭建粉丝互动行为记录表）

付费工具：

新榜（跨平台传播效果追踪）

飞瓜数据（竞品活动策略拆解）

❸ 优化SOP（标准操作程序）示例

周一：查看上周评论热词云→调整本周选题方向

周三：比对粉丝团新增人数与直播收益→优化福利机制

周五：导出UGC内容数据→向优质创作者寄送感谢卡

执行节奏建议

第一阶段（1~2周）：启动小红书测评投票+抖音挑战赛，建立基础互动模型

第二阶段（3~4周）：落地粉丝分层社群，完成首期跨平台联动活动

第三阶段（5~8周）：通过数据复盘迭代策略，固化每月1次主题周活动

需要特别注意的是：避免过度依赖抽奖引流，所有互动需与内容强关联（如测评投票后需在结果视频中展示粉丝ID），确保流量价值沉淀。

7.5.3 利用数据分析优化运营方案

数据是藏在后台的“隐形军师”，能告诉你哪些内容让人驻足，哪些标题不吸引人。本节借助DeepSeek帮助分析，以一次“翻车”的妆容教程为例，手把手教你诊断互动低迷的症结，找到爆款内容的成功密码，让每一篇笔记都精准击中粉丝的“收藏键”和“点赞心”。

请你扮演一名资深数据分析师，专注于新媒体内容优化，能够通过数据解读，帮助账号运营者提升内容表现和用户互动。

我是一个美妆博主，运营账号已有8个月，目前在小红书有7000粉丝，内容主要集中在产品测评和化妆与妆造教程；在抖音有3000粉丝，侧重仿妆视频和妆容挑战。最近，我在小红书发布了一个主题为“普普通通到一眼美女”的视频妆教，数据表现如下：

· 视频观看人数：1138

· 点赞：79

· 评论：5条

· 收藏：23

相比于之前的高表现视频：

· “大眼萌妹感COS眼妆”点赞量1万

· “淡雅妆教学”点赞量1500

· “提升面部平整度大法”点赞量3000

该视频的互动数据明显偏低。我希望你帮我利用这些数据，优化内容和发布策略，具体包括：

1.内容方向分析

· 为什么“普普通通到一眼美女”视频的互动表现不如预期？

· 从用户偏好和主题选择角度，如何改进未来的视频方向？

2.数据对比与改进

· 根据点赞、评论和收藏数据的变化，分析用户对内容形式和主题的偏好。

· 如何在新视频中结合高表现主题（如“大眼萌妹感COS眼妆”）的成功因素？

3.发布策略建议

· 是否需要调整发布时间、标题优化或互动引导（如提问式结尾）来提升数据表现？

· 如何通过数据监测确定下一步优化方案？

希望你能提供具体可行的分析和改进建议，让我在小红书的内容运营更具针对性。

根据你提供的数据和需求，我将从内容方向、数据对比、发布策略三个维度进行深度分析，并提供可落地的优化方案：

一、内容方向诊断

❶ “普普通通到一眼美女”视频互动低迷的核心原因如下。

主题模糊性过高

对比高表现视频“大眼萌妹COS眼妆”“面部平整度大法”，用户更倾向具体场景/痛点解决方案。原视频主题未明确“普通到美女”的实现路径（如针对五官扁平/肤色不均/肿眼泡等细分痛点），导致观众预期不聚焦。

缺乏对比冲击力

高赞视频普遍包含强前后对比（如COS眼妆的戏剧化效果），而原视频可能因改造幅度不足或对比呈现方式（如光线/角度不一致）削弱视觉吸引力。

用户价值感不足

收藏量（23）显著高于评论量（5）说明内容具备工具属性，但未激发情感共鸣。需补充“普通人可复制的技巧公式”（如3步缩短中庭）而非全流程展示。

❷ 未来内容方向优化建议：

主题分层设计

✅ 痛点垂直化：拆分“普通到美女”为骨相优化、色彩氛围、妆容作弊术等子类

✅ 场景关联化：嫁接热门场景（如“开学伪素颜”“面试好感妆”）提升搜索流量

✅ 人群精细化：针对不同基础用户设计内容（如“肿眼泡自救指南”标签吸引特定群体）

内容结构升级

采用“痛点共鸣+对比锚点+公式化教学”三板斧：

❶ 前3秒用素颜痛点引发共鸣（如“面中凹陷显老10岁？”）

❷ 5~10秒插入妆后对比图强化期待

❸ 教学环节拆解为可复制的数字模块（如“2笔提亮法”“3：2唇形比例公式”）

二、数据驱动的内容迭代方案

❶ 用户行为数据解码

指标	本视频	高表现视频均值	差异解读
点赞率	6.9%	15%~20%	选题吸引力/视觉冲击不足
收藏率	2.0%	3%~5%	干货密度需提升
评论率	0.4%	1.2%~2%	缺乏互动钩子设计

❷ 高表现内容要素迁移策略

视觉锤强化

参考“大眼萌妹COS眼妆”的成功逻辑：

✅ 增加特效字幕标注技法重点（如“眼睑下至3mm黄金距离”）

✅ 使用分屏对比/放大特写镜头

✅ 植入记忆点符号（如专属化妆刷/标志性结尾动作）

情绪价值叠加

结合“淡雅妆”的情感穿透力：

✅ 插入用户证言（如“跟着画被同事夸变精致了”）

✅ 设计“新手友好”“通勤急救”等降低心理门槛的标签

结构化知识输出

借鉴“面部平整度”的爆款逻辑：

✅ 提炼可复用的SOP（如“面部折叠度提升四步法”）

✅ 使用信息图表辅助说明（如高光点位坐标图）

三、发布策略升级路线

❶ 流量卡点优化组合

发布时间校准

根据小红书美妆垂类流量规律：

✅ 测试晚20:00—22:00（睡前浏览高峰）

✅ 增加周六早10:00（周末变美需求集中时段）

标题关键词优化

采用“人群+痛点+解决方案”公式。

原标题的优化方向

“普普通通到一眼美女”改为“方圆脸逆袭！3步打造贵气骨相妆（附对比原相机）”

增加搜索热词（如菱形脸妆教）+ 数据化表达（3步）

互动钩子设计

✓ 结尾埋点：“你们更想看通勤版还是约会版？评论区告诉我！”

✓ 争议点植入：“第2步90%的人都做错了！你中招了吗？”

❷ 数据监测执行体系

核心指标看板

阶段	监测重点	优化动作触发阈值
0—2小时	5秒完播率、点赞率	完播<40% → 优化前3秒钩子
6—12小时	收藏率、分享率	收藏率<2% → 补充干货标注
24—48小时	评论关键词、长尾流量来源	自然流量<60% → 调整关键词

……